超対称性理論とは何か

宇宙をつかさどる究極の対称性

小林富雄　著

ブルーバックス

カバー装幀／芦澤泰偉・児崎雅淑
カバーイラスト／五十嵐徹
目次、本文デザイン／齋藤ひさの（STUDIO BEAT）
本文図版／さくら工芸社
構成協力／林田美里

はじめに

この自然界は対称性に満ちあふれています。美しい雪の結晶や水晶、太陽や満月、植物の葉、それから動物にも対称性が見られます。私たちが対称性という言葉でまず思い浮かべるのは、左右対称性でしょうか。ひとの顔や蝶《ちょう》のように、鏡に映した像と同じになる鏡像対称性のことですね。それから、太陽や満月のような円。これは回転対称性といって、どんな角度に回転しても同じになります。

私たちの美的感覚の中にも、対称性は深く浸透しているようです。ひとが作った建築物や絵画、美術品にも対称性は多く用いられていますし、音楽にもある種の対称性が潜んでいます。聴いて心地よい協和音などはその例といえます。

しかし、この世の中で完全無欠な対称性が稀であることも、また確かなことです。今挙げたどの例も、厳密に数学的な対称性からは多少なりともずれています。イギリスの哲学者フランシス・ベーコンも、「プロポーションにおいて何らかの奇妙さがないものに、素晴らしい美はない」といっています。音楽でも、不協和音が入ることで、協和音の美しさが引き立つ効果があります。

自然界が何からできていて、どんなしくみで働いているのか、物質を構成する究極の粒子は何か、宇宙はどのように始まったのだろう……こんな謎に挑戦しているのが素粒子物理学です。すべての物質は分子・原子からできているということは中学校でも教えられていますが、原子はさらに電子と原子核から構成され、原子核は陽子と中性子からできていることもよく知られています。そして、その陽子や中性子も構造を持っており、じつはクォークやグルーオンとよばれるさらに小さな素粒子から構成されていることも分かってきています。

素粒子物理学の世界も、対称性に満ちあふれています。いやそれだけでなく、対称性こそ、素粒子の世界を支配する原理であり、本質的なものなのです。素粒子の間にはいろいろな力が働いていますが、その力の源が「ゲージ対称性」であるというのが、現在の素粒子物理学の到達点である、「素粒子の標準理論」です。本書の前半では、この理論が作り上げられるまでの背景についてお話しします。対称性が、時空やさまざまな空間の幾何学と密接に関わっていることも、明らかになってくるでしょう。

ゲージ対称性にもとづく理論（一般的にゲージ理論とよばれます）では、登場する粒子の質量はすべてゼロです。それは理論に質量を持ち込むと、ゲージ対称性がこわれてしまうからです。しかし現実の私たちの世界は、質量を持った素粒子で作られていることは明らかです。このギャップを埋めるのが、南部陽一郎さんが考案した「自発的対称性の破れ」です。南部さんはこの業績で2008年度のノーベル物理学賞を受賞しました。

2012年7月に、「ヒッグス粒子」とみられる新粒子の発見が発表されました。「神の素粒子」とよばれることもあるこの粒子は、宇宙のビッグバン直後に姿を現して、万物に質量を与える役目を担ったと考えられています。その「素粒子に質量を与える機構」を理論的に発見したのはピーター・ヒッグスやフランソワ・アングレールたちで、南部さんの「自発的対称性の破れ」の考えを応用して、この機構を編み出しました。さらにヒッグスは、この機構にともなって新粒子が存在することも予言したのです（それで「ヒッグス粒子」とよばれます）。これらの理論的発見は1964年のことでした。

ヒッグス粒子とみられる新粒子は、2013年には確かに「ヒッグス粒子」であると確認されました。そしてアングレールとヒッグスは、2013年度のノーベル物理学賞を受賞しました。ヒッグス粒子の発見は、素粒子物理学の歴史の中で、数十年に一度というくらい大きなものであったといえるでしょう。

これでひとまず、非常に美しい対称性とそれを巧妙に破る機構を兼ね備えた標準理論は完成しました。ですが、この宇宙にはまだ多くの謎が残されています。自然界に存在する4つの力のうち、3つまでは標準理論で説明できますが、4つ目の重力を素粒子物理的に理解することには成功していません。それになによりも、標準理論自体に不満足な点が多々あるのです。その最たるものが、ヒッグス粒子自体の質量にまつわるものなのです。

これらの問題の多くを解決し、重力まで含めたすべての力を統一的に理解する可能性を秘めているのが、「超対称性」とよばれるまったく新しい対称性です。

それぞれの素粒子は、「スピン」とよばれる自転のような性質を持っています。超対称性は、異なるスピンの素粒子を結び付ける対称性のことです。また超対称性は、時空の対称性を最大限に拡張したものともなっています。ですから、超対称性は素粒子と時空を結び付ける究極の対称性とも考えられるのです。しかもそのうえ、まだ発見されてもいないこの対称性は、他の対称性と同様に、少しだけ破れていなければならないのです。

話がこみ入って、分かりにくくなってきましたね。大丈夫です。これらをこれからゆっくり解き明かしていきます。とにかく「対称性とその破れ」、これが本書のメーンテーマです。そしてそのゴールは「超対称性」ですが、どんなにきれいな対称性にもとづいた美しい理論でも、実験的に検証されなければ絵に描いた餅です。ヒッグス粒子が発見され、素粒子物理はこれから標準理論を超える世界の探求に入ります。ヒッグス粒子を詳しく調べることで、その先が見えてくる可能性は大いにありますが、超対称性を直接発見しようという研究も現在進められています。ひょっとすると数年後には発見というニュースが聞かれるかもしれません。そういう狙いを持った実験についても紹介していきたいと思います。

まずは、素粒子の世界で見られる対称性についての概略と、超対称性について簡単な説明をすることから始めましょう。しかし、超対称性をより深く理解し、その美しさに触れてもらうには、少し準備が必要です。その第一歩は、「スピン」についてよく理解することです。そのためには量子力学と相対性理論の知識が必要となりますが、できるだけかみ砕いて説明しましょう。その次のステップが、素粒子の標準理論です。この理論の根幹をなしているのは「ゲージ対称性」です。この対称性とそれがどう破れているかが、この宇宙の深遠な原理となっているのです。ここまで理解できれば、超対称性の真髄に迫る準備ができたことになります。

このところ素粒子物理分野での日本人のノーベル賞受賞があいついでいます。２０１５年の物理学賞も、梶田隆章さんがニュートリノ振動の発見により受賞されました。この業績も、長年にわたるご苦労が実を結んだものといえます。

超対称性の誕生と発展の過程においても、日本人研究者が大きな貢献をしています。ここまでに至る道のりには、さまざまな面で多くの人が重要な役割を演じたストーリーが隠されています。本書を読み進めながら、そういう物語にも注目していただければ幸いです。

超対称性理論とは何か

目次

第2章 スピンの正体 49

第3章

ゲージ対称性と標準理論

第4章

超対称性とは何か

135

第5章 超対称性粒子を探せ 173

第1章

素粒子の世界の対称性

私たちが住んでいる宇宙は、138億年前のビッグバンから生まれました。その誕生の瞬間については分かりませんが、ビッグバン直後は超高温の巨大なエネルギーのかたまりであったことは間違いありません。宇宙全体は爆発的に膨張し、次第に冷えていきましたが、現在もまだ膨張を続けています。

ビッグバンの瞬間から最初の3分間のうちに、素粒子から原子核が作られたことが知られています。それから38万年経って、かなり冷えた頃、原子核は電子を捕まえて原子が構成されました。その後、原子は重力で集まり、物質が構成され、それが星や銀河となり、やがて地球や私たち生命体の誕生へとつながってきたのです。

宇宙は物質で満たされています。その物質は、つきつめれば素粒子からできています。どんな素粒子があって、それからどのようにして物質が作られたかは、現在かなり分かってきています。そこで重要な役割を果たしたのが対称性です。この章では、素粒子の世界の概略と、その中にあるいろいろな対称性について説明します。超対称性については、まだ存在するかどうか分かっていませんが、どんな対称性なのか、なぜ必要と思われているか簡単に説明してみようと思います。

この世は素粒子でできている

私たちの身の回りにある物質は、すべて原子からできています。自然界には水素から始まってウランに至るまで、90種類の元素が存在しています。「元素」は物質の化学的性質のもととなる最小単位ですが、それを物理的に見たのが「原子」です。

古代ギリシャの頃から、原子は物質の最小単位として考えられていましたが、現在「原子」とよばれるものは、大きさと構造を持つものであることが知られています。原子は１オングストローム（10^{-8}センチメートル、つまり１億分の１センチメートル）程度の大きさで、中心にプラスの電荷を持つ原子核があり、そのまわりをマイナスの電荷を持つ電子が回っている構造をしています。

原子核は陽子と中性子という素粒子から作られています。陽子はプラスの電荷を持っていて、中性子は電荷を持っていませんが、それ以外の性質はよく似ていて、重さ（質量）もほぼ同じです。原子の中の陽子と電子は同数だけあり、それらの電荷が打ち消しあって、原子全体として中性になっています。陽子（電子）の数が原子番号とよばれ、原子番号１の原子が水素、２がヘリウム……と続き、92番目の原子がウランです（43番のテクネチウムと61番のプロメチウムは人工的に作られました）。

陽子や中性子は、現在でも素粒子とよばれていますが、じつのところ大きさを持つ複合粒子であることが分かっています。その大きさは約10^{-13}センチメートル（10兆分の１センチメートル）で、

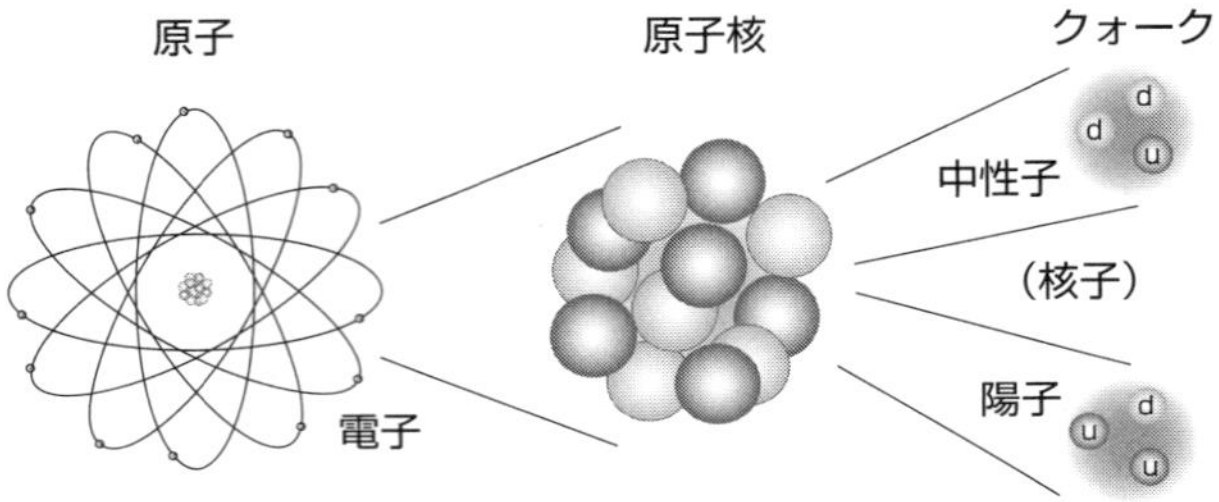

図1.1 物質を形作る原子の構造

原子は約10^{-8}cmの大きさを持ち、原子核と電子からできている。原子核は陽子と中性子からできており、10^{-13}cmから10^{-12}cm程度の大きさを持つ。陽子や中性子はクォークからできており、約10^{-13}cmの大きさを持つ。

クォークとよばれる素粒子からできています（図1・1）。

クォークはじつに不思議な性質を持っています。電子はマイナス約1・6×10^{-19}クーロンの電荷を持っています。陽子の電荷はプラス約1・6×10^{-19}クーロンで、電子の電荷とぴったり相殺するようになっています。この電荷量が自然界に存在する電荷の最小単位で、これより小さな電荷は観測されたことがありません。しかし、それにもかかわらず、クォークは分数電荷を持つと考えられているのです。

陽子や中性子は、アップクォーク（u）とダウンクォーク（d）とよばれる2種類のクォークの組み合わせでできていると考えられています。アップクォークは陽子の電荷の$\frac{2}{3}$の電荷を持ち（いちいち面倒くさいので、これを簡単に、アップクォークは電荷プラス$\frac{2}{3}$を持つということにします）、ダウンクォークは電荷マイナス1/3を持つとされます。なぜそうなのかの説明は、第3章まで待ってください。とにかく、そう考えるとすべてがうまく説明できるのです。

アップクォークとダウンクォークは、電荷が異なる以外、よく似た性質を持っています。陽子や中性子は3個のクォークからできていると考えられます。陽子はアップクォーク2個とダウンクォーク1個の組み合わせ（ｕｕｄ）、中性子はアップクォーク1個とダウンクォーク2個の組み合わせ（ｕｄｄ）です。陽子の電荷はプラス1で、中性子は0となっていることがわかるでしょう。しかも、陽子と中性子が、電荷以外よく似た性質を持っていることもうまく説明できます。

こうして、自然界のすべての物質は、つきつめれば電子とアップクォークとダウンクォークからできていると考えられます。これだけで済んでいればよかったのですが、電子やクォークの仲間の粒子が他にいくつも存在することが分かっています（図1・2）。

クォークの仲間の素粒子には、アップやダウンの他に、ストレンジ（ｓ）、チャーム（ｃ）、ボトム（ｂ）、トップ（ｔ）の4種類があります。これらは軽い順に並べてあります。チャームとトップはアップと同じ電荷プラス2/3を持ち、ストレンジとボトムはダウンと同じ電荷マイナス1/3を持っています。宇宙のビッグバン直後には、これら6種類すべてのクォークが存在していましたが、重いストレンジ、チャーム、ボトム、トップのクォークは壊れて、最終的にはアップとダウンのクォークになりました。そして現在の宇宙にはアップとダウンのクォークだけが残っている

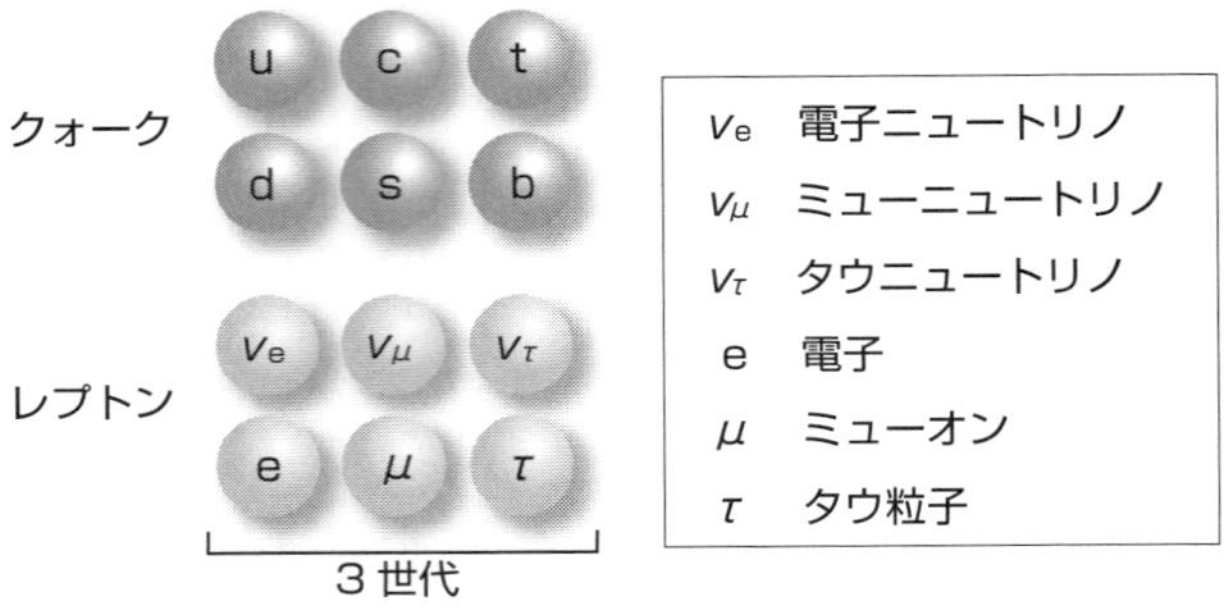

図1.2 物質を形作っている素粒子の仲間

と考えられています。

電子（e）の仲間の素粒子もいくつかあります。電子と同じ電荷マイナス1を持ち、電子の約200倍の質量を持つミューオン（μ）や、約3500倍のタウ粒子（τ）です。また電子やミューオンやタウ粒子から電荷を取り除いて、質量もほとんどなくしたようなニュートリノという粒子（それぞれ ν_e、ν_μ、ν_τとよばれます）も存在します。ミューオンやニュートリノは宇宙線として地上に常に降り注いでおり、私たちの身体の中も日夜通過しているのです。

電子の仲間の粒子あわせて6種類は、レプトンと総称されます。クォークも6種類あります。これは偶然ではないことが分かっています。図1・2の縦の列に注目してください。クォーク2つとレプトン2つがひとまとまりのセットとして、世代とよばれる構造を作っています。いちばん軽いクォーク（u、d）とレプトン（ν_e、e）が第1世代、次に軽いクォーク（c、s）とレプトン（ν_μ、μ）が第2

世代、最も重いクォーク（t、b）とレプトン（ν_τ、τ）が第3世代です。どうしてこのような世代のセットになっているのかは、第3章で説明します。しかし、なぜ3世代なのかについては、現在の素粒子理論では説明がつきません。これは素粒子の世界の大きな謎のひとつなのです。

力のもとも素粒子

自然界には多種多様な力が働いているように見えます。これを物理学的につきつめると、力の種類は４つに分類できます。まずなじみ深いのは、地球上のすべての物体が地球から受けている「重力」でしょう。２番目が、プラスの電荷とマイナスの電荷が引きあったり、磁石のS極とN極が引きあうときに働く、電気や磁気の「電磁力」です。私たちの身の回りで感じられる力は、ほぼすべて重力と電磁力で説明できます（図１・３）。

素粒子の世界では、もう2つ、別の力が働いています。「強い力」と「弱い力」とよばれる力です。強い力は、クォーク同士の間に働く力です。陽子や中性子が素粒子として安定して存在できるのは強い力のおかげです（図１・４左）。弱い力は、第2世代や第3世代の重いクォーク（s、c、b、t）やレプトン（μ、τ）が壊れるときに働く力です（図１・４右）。

なぜ力には4種類あり、それぞれの力はどのようにして働いているのでしょう。それは、現在

図1.3 重力と電磁力
（左）物が落ちるのは重力が働いているから。
（右）プラスの電荷とマイナスの電荷が引きあうのは電気の力。磁石のS極とN極が引きあうのは磁気の力。これらは電磁気学で統一的に理解される。原子や分子に働く力のほとんどは電磁力。

の素粒子物理学では、次のように理解されています。それぞれの力に対応して、力を媒介する粒子が存在し、その粒子をキャッチボールのように交換することによって、力が働くのです（図1・5）。電荷を持った素粒子間で光子（γ）が交換されると電磁力が働き、クォーク同士の間でグルーオン（g）が交換されると強い力が働きます。弱い力が働くときは、W粒子やZ粒子とよばれる素粒子が交換されています。

電磁力を例にとって、もう少し詳しく説明しましょう。テレビで映像が見えるのも電磁力のお陰です。テレビの映像の信号は、放送局の電波塔から発信された電波に乗ってやってきて、各家庭のアンテナで受信されます。これを物理的に見ると、電波塔の中の電子が振動して電波を放出し、その電波を家庭のアンテナの中の電子が吸収して、電気信号になるの

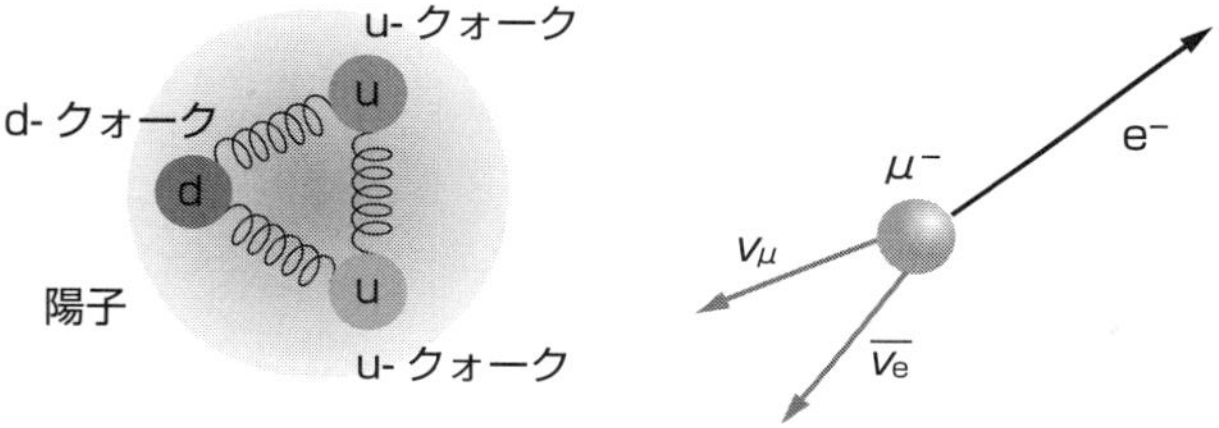

図1.4　強い力と弱い力
（左）陽子を構成するクォークは強い力で結びついている。
（右）ミューオンに弱い力が働くと、電子と２つのニュートリノに崩壊する。

図1.5　力を媒介する粒子
光子（γ）、Z粒子（Z^0）やW粒子（$W^{\pm}$）、グルーオン（g）が交換されると、それぞれ電磁力、弱い力、強い力が働く。

です。

電波は電気と磁気の波、電磁波です。後の章で出てくる量子力学の考えを用いると、波は粒子の性質を持っています。逆に、粒子も波の性質を持っています。つまり、電磁波も粒子の性質を持っており、この粒子が「光子」です。原子核が発する高いエネルギーの光子がガンマ線（γ）とよばれるので、光子のことをγと表わしています。結局テレビが見えるのは、電子と電子の間で光子を交換することによっているのです。

重力も重力子という粒子の交換によって働くと考えられていますが、この粒子はまだ見つかっていません。それは素粒子の世界では、重力は他の3つの力に比べて極端に弱いため、まだ観測にかかっていないからです。

重力のふるまいは、アインシュタインの一般相対性理論で記述されています。この理論が予言する重力波の検出は、現在世界の国々が競って巨大な装置を建設して取り組んでいるところです。重力波の量子力学的性質としての重力子の研究は、重力波の検出の次のステップの研究となるでしょう。

素粒子の世界で働く3つの力は、「素粒子の標準理論」によって記述することができます。この理論は、特殊相対性理論、量子力学と並んで、「ゲージ原理」を第3の理論的柱としています。詳しいことは第3章で説明しますが、おおまかにいってしまえば、「ゲージ対称性」とよばれる対称

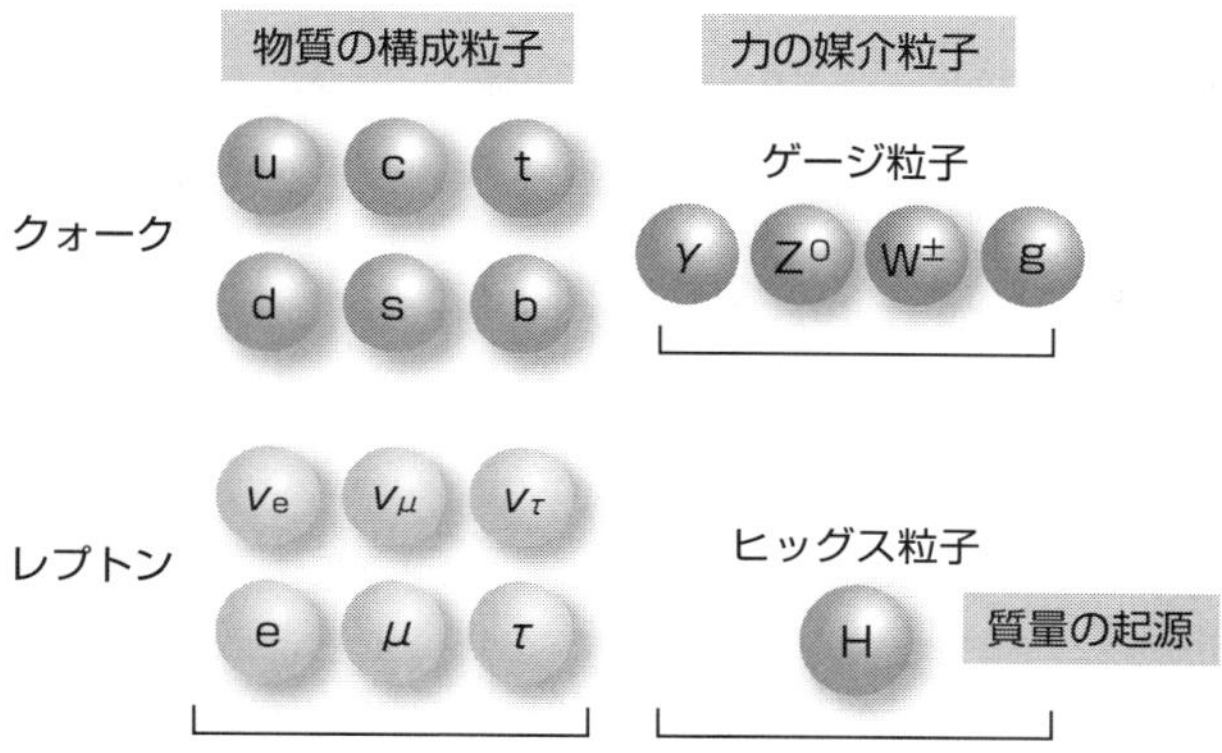

図1.6　素粒子の標準理論に登場する素粒子

性から、力の媒介粒子が導き出されるというものです。力の媒介粒子は「ゲージ粒子」と総称されます。ですから、光子、Z粒子、W粒子、グルーオンは、みなゲージ粒子です。

ここまで、物質と力が素粒子の標準理論でどのように説明されるか見てきました。標準理論はさらにもう一つの問題に対しても説明を与えます。それは標準理論に登場する基本粒子（物質を構成するクォークやレプトン、および力を媒介するゲージ粒子）が持つ固有の質量に関するものです。

ゲージ原理にもとづく理論では、本来素粒子は質量を持つことができません。しかし、実際の粒子は質量を持っているので、それを説明するためにある機構（メカニズム）が考え出されました。この機構が正しければ、まったく新しい種類の粒子が存在することになります。これが「ヒッグス粒子」です。

ここでは、これ以上深入りせず、詳しい説明は第3章で行います。

これで、素粒子の標準理論に登場するすべての粒子を紹介しました。まとめると、図1・6のようになります。

フェルミオンとボソン

標準理論に登場する素粒子の中で、クォークだけが直接観測されたことのない分数電荷を持っています。実際には、いくつかのクォークや反クォークの組み合わせで、整数電荷になるようなものが粒子として観測されるのです。ここで反クォークとは、クォークの反粒子のことです。

反粒子は、もとの粒子と質量はまったく同じですが、電荷などの性質が正負逆の粒子です。反粒子はすべての粒子に対応して存在します。たとえば、電子（電荷がマイナス1）の反粒子は、電荷がプラス1の陽電子（ポジトロン）です。医療で用いられるPET（ポジトロン断層法）は、この陽電子を利用したものです。

原子核を構成する陽子や中性子は、3つのクォークの組み合わせでできています。標準理論にある6種類のクォークから、（重複を許して）3つ選ぶ組み合わせはたくさんありますが、そのほとんどの組み合わせでできる粒子が実際に存在します。陽子はuud、中性子はuddでしたが、デルタ粒子というuuu（Δ^{++}）やddd（Δ^{-}）という組み合わせの粒子や、ラムダ粒子（Λ）というストレンジクォーク（s）が入ったudsという組み合わせの粒子なども存在します。陽子や中性子の仲間であるこれらの粒子は「バリオン」と総称されます。

　クォークと反クォークとの組み合わせからなる粒子も存在することが知られています。その代表格はパイ中間子（パイオン、π）です。パイ中間子は、アップクォークまたはダウンクォークとそれらの反クォークの組み合わせからなり、電荷が正、0、負の3種類があります（π^{+}、π^{0}、π^{-}）。たとえば、π^{+}は$u\bar{d}$（$\bar{d}$はダウンクォークの反粒子）です。パイ中間子は、がん治療などにも用いられている粒子です。また、ストレンジクォークやチャームクォークなどの重いクォークが入った組み合わせの粒子も存在します。このようなクォークと反クォークとの組み合わせからなる粒子は「メソン」と総称されます。

　バリオンとメソンは、合わせて「ハドロン」とよばれます。つまり、クォークや反クォークから作られる粒子がハドロンです。ハドロンは、これまでに何百種類も存在することが知られています。ハドロンは複合粒子ですが、一般に素粒子とよばれています。

　ハドロンを含むすべての素粒子は、2つに大別することができます。それが「フェルミオン」と「ボソン」です。これがどんな分け方なのかは、「スピン」を使って説明するのが分かりやすいと思います。詳しい話は次の章ですることにして、ここではとりあえず必要なことだけお話しし

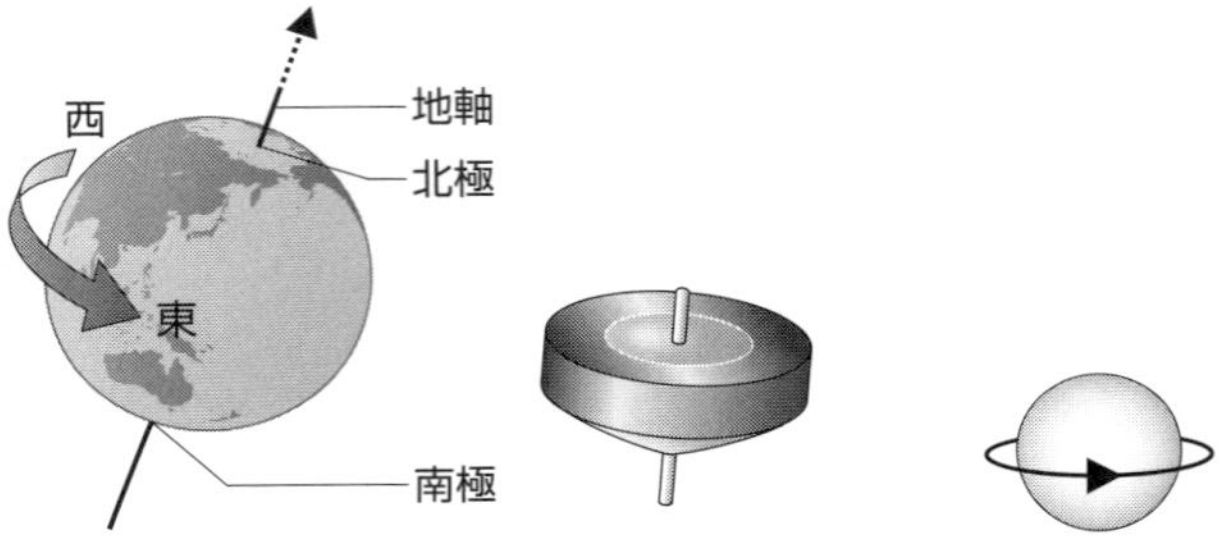

図 1.7　地球やコマは自転する。素粒子も自転のような性質を持つ

ます。

地球やボールが、コマのように自分自身の中心軸のまわりに回転することを「自転」といいます。素粒子も自転のような性質を持っています（図1・7）。「自転のような性質」といったのは、大きさを測ることができないくらい小さな素粒子（言い換えれば点状の粒子）も、あたかも自転しているようなふるまいを示すからです。これが素粒子の「スピン」です。

素粒子が住む極微の世界では、私たちの身の回りの物体の運動を記述するニュートン力学では説明できない現象が見られます。それに代わって、素粒子のふるまいを記述するのが「量子力学」です。スピンは一種の回転運動と考えられます。一般に回転運動の大きさ（回転量）は角運動量で表わされます。ところが量子力学では、いろいろな物理量がとびとびの値しかとることができません。角運動量もそうで、ある規準量 $\hbar$（エイチバーと読みます）の整数倍か半整数倍になりま

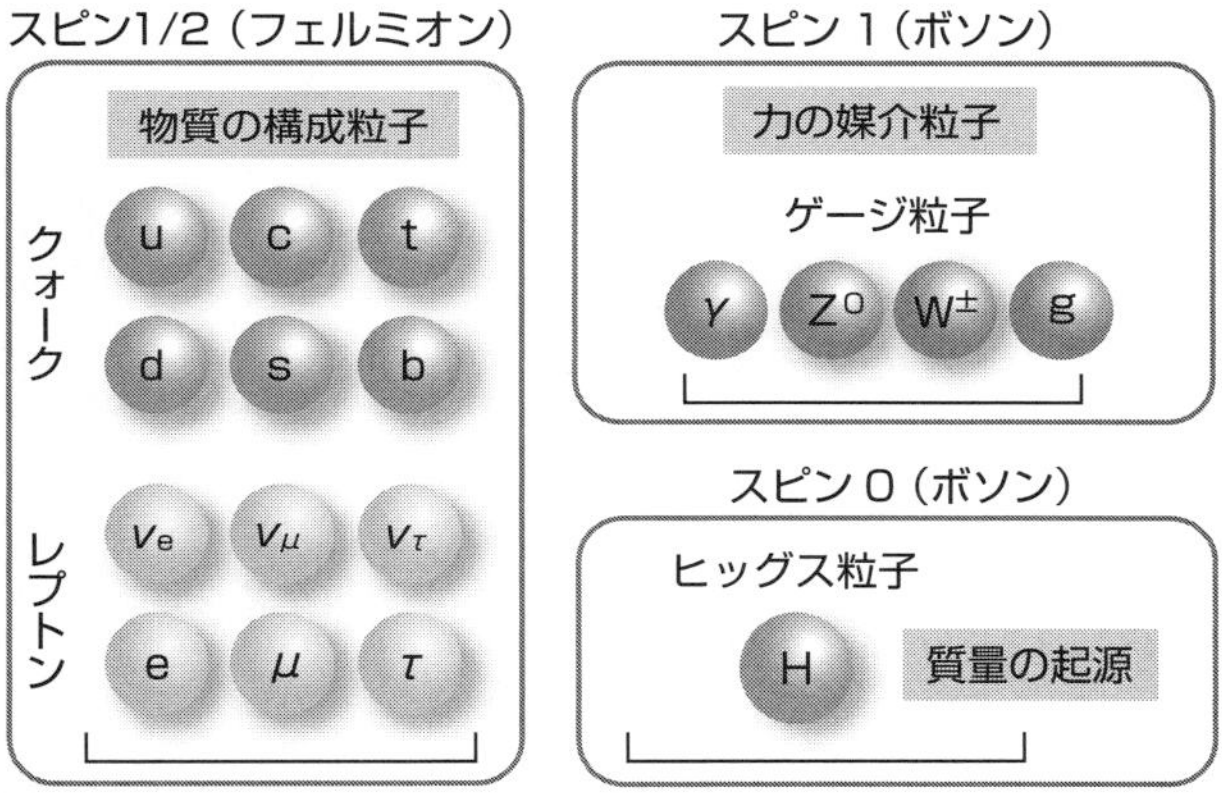

図1.8　素粒子のスピン角運動量（$\hbar$を単位として）

す。

どうしてこのようになるかは、第2章できちんと説明しますので、ここではそんなものかと考えて先に進んでください。こういう受験勉強の丸暗記のようなことをしていると、物理が嫌いになってしまうのかもしれませんね。でも少し我慢してください。大筋をつかむというのも大事なことです。

とにかく、素粒子が持つスピンの角運動量は、$\hbar$を基準として整数（0、1、2、3、……）か半整数（$\frac{1}{2}$、$\frac{3}{2}$、$\frac{5}{2}$、……）の値をとります。いわずもがなですが、偶数の半分は整数になるので半整数とはいいません。

すべての素粒子はボソンとフェルミオンに分けられる、といいましたが、それは素粒子が持つスピンの値が整数か半整数かということなのです。

スピンが整数の粒子は「ボソン」、半整数のものは「フェルミオン」とよばれます。これまでに出てきた粒子では、クォークやレプトンはスピン$\frac{1}{2}$を持つフェルミオンです。ゲージ粒子はスピン1、ヒッグス粒子はスピン0で、どちらもボソンです（図1・8）。

クォークから作られている複合粒子、ハドロンもスピンを持っています。メソンは整数スピンを持っており、バリオンは半整数スピンを持っています。ですから、メソンはボソン、バリオンはフェルミオンです。

これは単純な数の足し算から分かります（正確には、量子力学で角運動量の合成というのをやらなければなりません）。メソンはスピン$\frac{1}{2}$のクォーク2つ（反クォークのスピンも$\frac{1}{2}$です）からできているので、半整数を2つ足し合わせると整数になり、メソンはボソンということになります。バリオンのほうはクォーク3つでできているので、合成したスピンも半整数になり、フェルミオンになるのです。

フェルミオンとボソンを区別する特徴の一つが「パウリの排他原理」です。それは、同種のフェルミオンについては、同じ状態に1つしか入れないとするものです。この排他原理は、すべてのフェルミオンに適用されますが、ボソンには適用されません。電子はフェルミオンなので、排他原理が働いていることが、原子の構造を説明する決め手になりました（第2章で詳しく解説します）。

一方、ボソンは同じ状態にいくつでも入ることができます。これをもう少し分かりやすく説明しましょう。原子や素粒子などのミクロの世界では、粒子はある量子力学的な状態を占めるのですが、それらの中で最もエネルギーの低いのが安定状態です。フェルミオンの場合は、最も低いエネルギー状態に入れるのはただ1つだけです。その次に低いエネルギー状態に入れるのも1つしかありません。これに対し、ボソンの場合は、最も低いエネルギー状態に何個でも入れるのです。

このように最も低いエネルギー状態にボソンが多数入った状態が、ボース－アインシュタイン凝縮とよばれるものです。超伝導や超流動は、そのような例になっています。ただし、超伝導を担っているのは電子なので、一見おかしいようですが、じつのところは2つの電子が対になって、クーパー対とよばれるボソン状態となり、それが凝縮を起こしているのです。

対称性

素粒子の世界は、さまざまな対称性で彩られています。対称性からは、素粒子の世界の法則が導かれます。言い換えれば、自然界を動かしている原理を知るには、対称性が分かればよいのです。

さて、対称性とは何でしょう。固い言葉でいうと、ある変換に対して不変になっている性質ということです。「鏡像対称性」を例にとって説明しましょう。これは鏡に映した像が元のものと同じになっているという性質です。平面図形でいえば、ある軸に対して折り返すという操作（変換）をしたとき、図形がぴったり重なるのが鏡像対称性、あるいは線対称です（図1・9）。

正三角形を、その中心のまわりに120度回転したとき、もとの図形とぴったり重なります。これを「回転対称性」といいます。正方形や正六角形なども回転対称性を持っています（図1・10）。

碁盤の目は、線の方向に1マス動かしても変わりません。これは「並進対称性」とよばれます（図1・11）。マス目の数が非常に多い碁盤を考えた場合、マス目を何個か動かすという変換を行っても、碁盤の目は不変になっています。並進対称性は大域的に見て、空間が均一であることを意味します。

これらの対称性は、平面図形だけでなく、3次元の立体図形でも成り立ちます。結晶とは、それを構成する原子や分子などの要素が、規則的・周期的に配列しているような物質です。どんなに複雑に見える結晶の構造も、並進対称性、回転対称性および鏡像対称性の組み合わせで表現することができます。図1・12は、同じ炭素原子から構成される物質でも、結晶構造の違いによって、さまざまな同素体（同一元素からできているが、性質が異なる物質）が形作られることを示

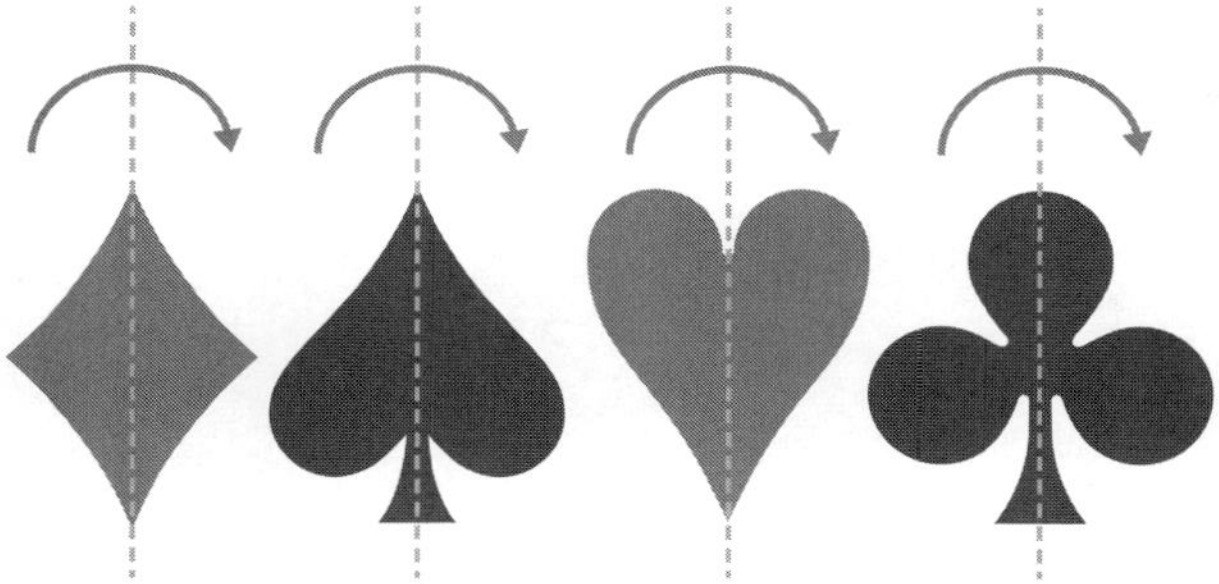

図1.9　鏡像対称性（線対称）な図形の例

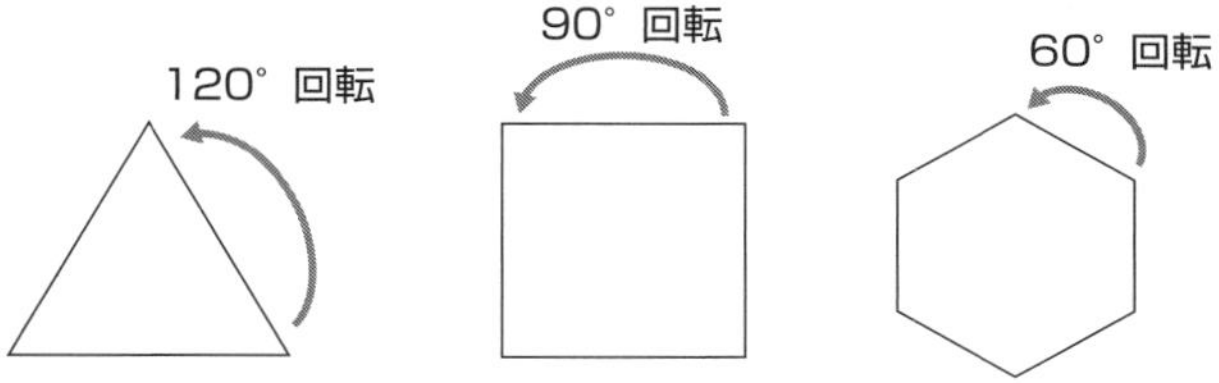

図1.10　回転対称性の例
正三角形、正方形、正六角形を、それぞれ120°、90°、60°回転すると、元の図形と重なる。

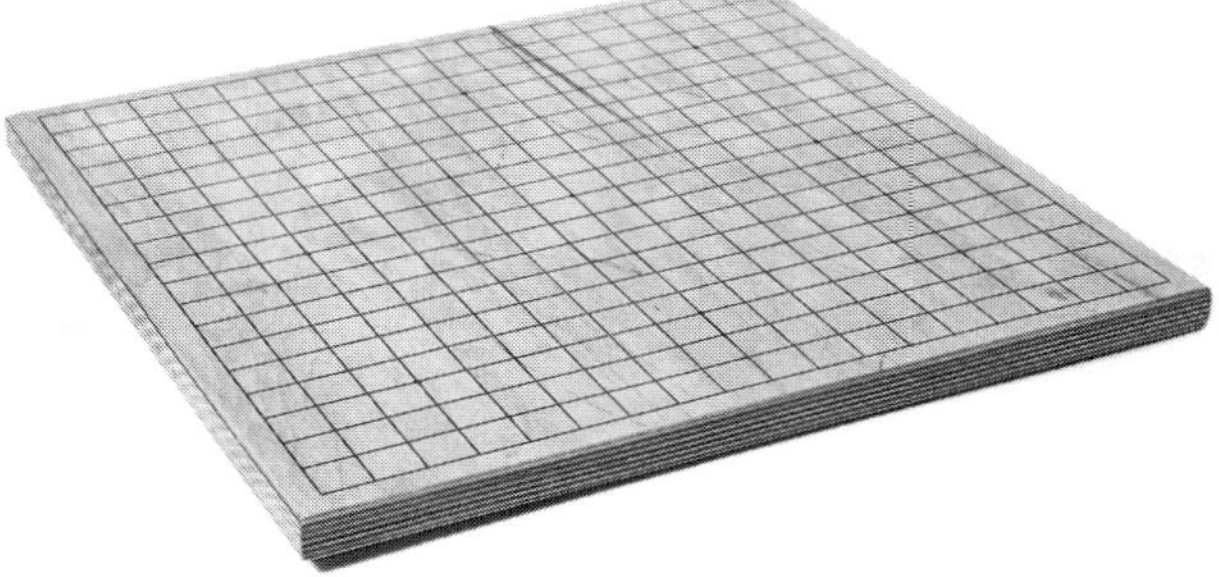

図1.11　並進対称性の例
マス目の数が非常に多い碁盤の目は、並進対称性を持っている。

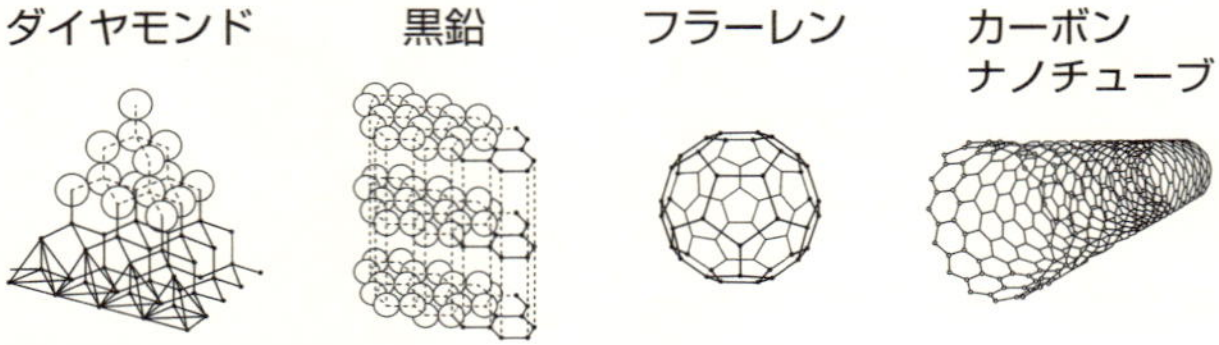

図1.12 炭素原子から作られる同素体
ダイヤモンドは正四面体の構造を持ち、黒鉛は正六角形が並んだ層状の構造を持っている。

図1.13 連続的な対称性
無限に長い円柱は、中心軸のまわりに連続的な回転対称性と、軸方向に連続的な並進対称性を持つ。

しています。

ここであげた3つの対称性の例は、どれも空間座標の値がとびとびに変わる「離散的対称性」でした。しかしこれらのうち、並進対称性と回転対称性については、座標の値が連続的に変化する変換も考えられます。たとえば円柱は、その中心軸のまわりに連続的な任意の角度を回転させても同じ形です。つまり円柱は連続的な回転対称性を持っているのです。その円柱が無限に長いとすると、軸方向に連続的な並進対称性も持っています（図１・13）。

保存則

さて、ここまでは対称性について、やや数学的な説明をしてきました。ここからは徐々に物理学に入っていきます。

物理学には、ある物理量が時間的に一定で、反応の前後で変化しないという「保存則」がいくつか知られています。たとえば、エネルギー保存則です。エネルギーは、ニュートン力学でも保存量ですし、質量をエネルギーの一部と考える相対性理論でも保存します。運動量や、角運動量も保存量です。これらは、実験的に確かめられている経験則でもありますが、物理理論もこれらの保存則を満たすように作られているのです。

保存則は、対称性と密接に関係しています。これらの関係は、その発見者にちなんで「ネーターの定理」とよばれています。それは、「ある物理系が連続的対称性を持っているとき、それに対応する保存則が存在する」というものです。

この定理について、エネルギー保存則を例にとって説明しましょう。

ある物理系を記述する運動方程式が「時間並進対称性」を満たしているとします。難しい言い方をしましたが、その運動方程式の中の時間座標を平行移動させても、方程式の形はまったく変わらないということです。つまり、その運動方程式で記述される物理現象は、昨日観測したものと今日観測したものとが同じであって、それは100年後でも同じ、ということをいっています。このとき、ネーターの定理は、その運動方程式から、エネルギー保存則が出てくるといっているのです。

時間並進対称性は、ニュートンの運動方程式でも、アインシュタインの相対論の運動方程式でも、量子力学の運動方程式でも満たされているので、エネルギーが保存することはどの理論でも保証されています。

同じようにして、「空間並進対称性」(空間座標を平行移動させても運動方程式は不変)から運動量保存則が導かれ、「回転対称性」(空間を回転させても運動方程式は不変)からは角運動量保存則が導かれます。これらはみな自然界の基本法則と考えられています。ネーターの定理は、保存則が自然界の深遠な対称性の現れであることを意味しているのです。

これらの保存則は、これまでまったく反例が見つかっていない自然界の基本法則です。他にもそのような例はいくつかありますが、「電荷の保存則」もそのひとつです。これは、電荷の総量は永遠に不変であって、反応（化学反応や原子核・素粒子反応などあらゆる反応）の前後で変わらないというものです。そして、この電荷の保存則に関係する連続的対称性が、この章の前半でも触れた「ゲージ対称性」とよばれるものです。この対称性は、電磁気学に現れますが、素粒子物理において本質的に重要な役割をします。この話は第３章ですることにします。

ここでまた離散的対称性に戻りますが、こんどは素粒子の世界での対称性です。まず鏡像対称性ですが、素粒子物理では「空間反転対称性」という呼び方のほうがよく使われています。鏡像は鏡に映した像のことなので、直観的に分かりやすいと思いますが、空間反転とは、空間内の点を原点に対して点対称な点に移す変換のことです。言い換えれば、すべての座標軸（x軸、y軸、z軸の３つあります）の向きを逆にすることです。

図を使ってこれを説明しましょう。図１・14の①は左手です。これの鏡像は右手（③）になります。では①を空間反転してみましょう。すると得られるのは②になります。これを回転すると③が得られます。物理法則は座標系の向きをどのようにとっても変わることはないので（右手②はどう回転しても右手③です）、鏡像変換と空間反転変換とは同じものなのです。空間反転に対す

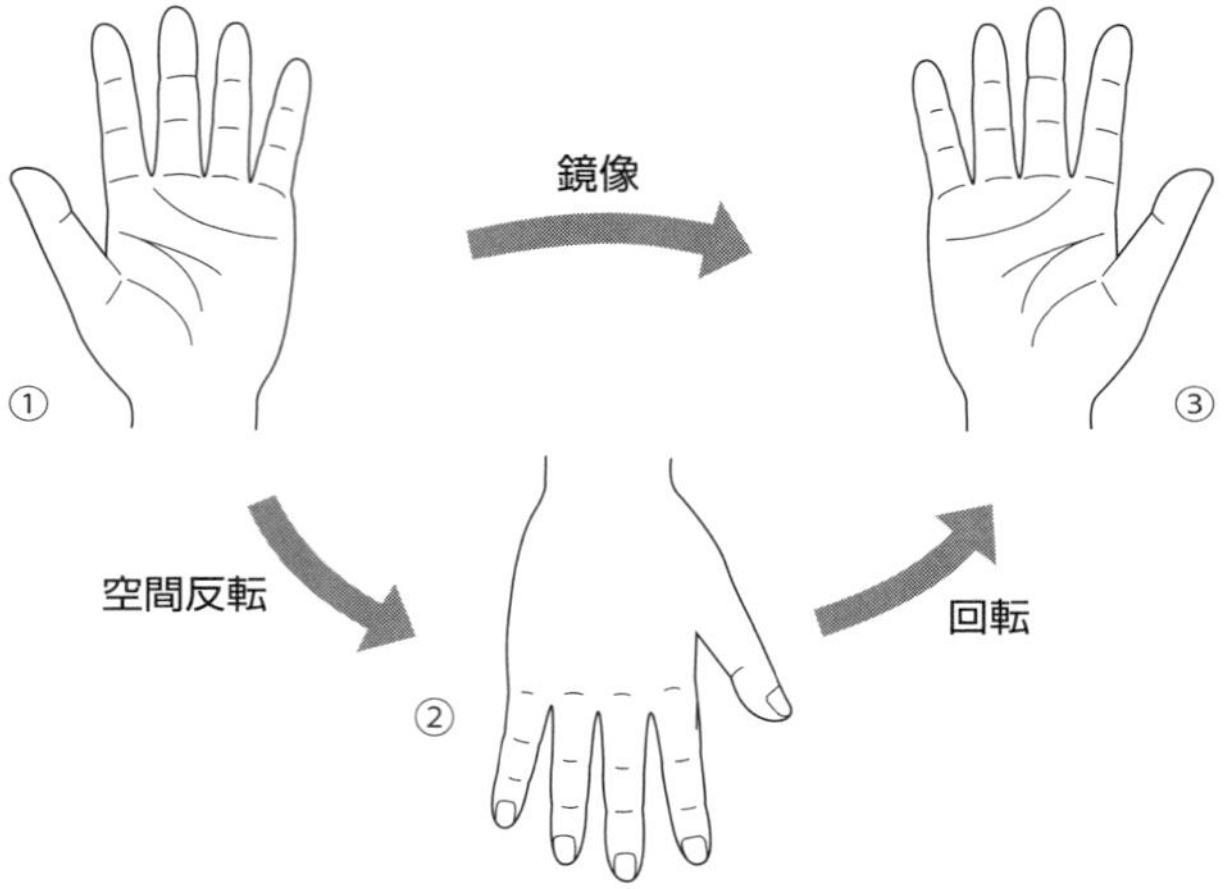

図1.14 空間反転と鏡像
空間反転したものを回転すれば鏡像になる。

る対称性は「パリティ」ともよばれます。
　通常の物理法則は、空間反転を行っても成り立っているように見えます。実際、パリティは、エネルギーや運動量などの保存則と同じく時空の対称性に起因しているので、保存しているものと信じられていました。しかし、それが正しいのは強い相互作用（強い力が働く反応のことです）と電磁相互作用に限られ、弱い相互作用では成り立っていないのではないかという提案が、１９５６年にチェンニン・ヤンとツンダオ・リーによってなされました。翌年、チェンシュン・ウーは原子核のベータ崩壊を観測する実験を行い、ヤンとリーの予想の正しさを確認しました。二人はこの功績により１９５７年のノーベル物理学賞を受賞しています。

弱い相互作用だけでパリティの破れが起こっているということは、この宇宙がほぼ左右対称なように見えても（つまりこの宇宙で起こり得るすべての現象は、左右どちらも同じ確率で起きるように見えるが）、厳密には少しアンバランスになっているということです。

空間反転についての対称性があるなら、時間についてはどうでしょう。時間の進む向きを逆転させる時間反転の変換です。映画のフィルムを逆回りに映すようなものです。私たちの身のまわりのマクロな現象では、時間を逆にたどることはできないものが数多く見られます。たとえば、コップの水を床にこぼしたら、水は決してもとには戻りません。また、ミルクとコーヒーは混ざりますが、ミルクコーヒーは決してミルクとコーヒーには分かれません。

しかし、素粒子のようなミクロの世界では、反応はほぼすべて可逆的です。ある方向に進むならば、その逆方向に進んでもおかしくはないのです。ここで「ほぼ」といったのは、ごくわずかだけ時間反転対称性が破れているからです。その破れ方は、パリティ（空間反転対称性）の破れよりずっと小さいのですが、この説明にはもうひとつ別の対称性を紹介する必要があります。

それは粒子と反粒子を入れ替える変換に対する対称性です。この変換や対称性は「荷電共役」とよばれるもので、英語のCharge Conjugationの頭文字をとって、C変換やC対称性とよばれます。

素粒子には、各粒子に対応して、必ず反粒子が存在します。クォークやレプトンなどのフェルミオンには反粒子が存在することは前に述べましたが、ボソンにも対応する反粒子が存在します。ただし、電荷を持たない中性のボソン（光子やZ粒子、それから中性のπ^0中間子など）は、自分自身が反粒子となります。つまり中性ボソンにC変換すると、自分自身になるということです。

C対称性も、パリティ（英語のParityの頭文字をとってP対称性ともよばれます）と同程度破れていることが知られています。すなわち、強い相互作用と電磁相互作用ではC対称性は成り立っていますが、弱い相互作用では破れているのです。

そこで、C変換とP変換を続けていったらどうでしょう。粒子と反粒子を入れ替え、かつ空間反転も行うのです。この変換はCP変換とよばれます。すると、弱い相互作用においても、Cの破れとPの破れが相殺して、CP対称性が成り立っているように見えたのです。

しかし、CPも完璧な対称性ではなく、ごくわずかだけ破れていることが明らかになりました。それは重いクォークが軽いクォークに壊れる過程で、非常に稀に起こることが発見されたのです。このCP対称性の破れを理論的に予言したのが小林誠と益川敏英で、二人は2008年度のノーベル物理学賞を受賞しています。

ではCPに加えて、さらに時間反転も行ったらどうなるでしょう。時間反転は英語でTime Reversalなので、その変換や対称性はT変換、T対称性とよばれます。CとPとTのすべての変換を行った世界は、もとの世界と区別できないということが、相対性理論や量子力学などの基本的な原理から導かれています。これがＣＰＴ定理として知られるもので、これまでに知られているすべての物理現象で「ＣＰＴ対称性」は保存されています。

これで先ほどＴ対称性の破れについて言ったことが分かるでしょう。ＣＰＴ対称性が成り立っていて、ＣＰ対称性が少し破れているということは、Ｔ対称性も少し破れているという帰結になるのです。

素粒子の世界では、これらの他にもいろいろな保存則が見られます。たとえば、バリオン数やレプトン数の保存です。陽子や中性子などの仲間の粒子バリオンの数が、どのような反応の前後でも不変であることは、原子核が安定であることを保証しています。また、電子やニュートリノなどのレプトンの総数も、どのような反応の前後でも不変になっています。

しかし、宇宙全体を見ると、明らかにバリオン数やレプトン数の非対称性が見られます。宇宙にあるすべての物質は、原子核と電子で作られています。原子核は陽子と中性子、すなわちバリオンでできています。すると、宇宙にはバリオンと同じ数だけの反バリオンがあってもおかしくないのですが、反バリオンはほとんど存在していません。また、電子はレプトンで、その反粒子の陽電子が反レプトンです。この宇宙には陽子と同じ数だけ電子があって、宇宙全体として中性になっています。しかし陽電子は、電子に比べて、ごくわずかしかないのです。

このバリオン数やレプトン数の非対称性が、ビッグバン後の素粒子反応過程で生じるには、Ｃ

P対称性の破れが重要な役目をしていることが知られています。つまりCP対称性の破れは、宇宙の中に物質が存在する鍵を握っているといえるのです。

これらの他にもいろいろな対称性がありますが、必要なものはその都度説明することにして、ここではもうこれ以上羅列することは止め、話を先に進めましょう。

超対称性

ここでは本書のメインテーマである「超対称性」について、おおよそどんなものか、概略を説明しましょう。その重要性と美しさを深く知ってもらうには、段階を追って理解する必要があります。それが第2章から第4章までの内容です。しかし最初からじっくりやっていくと、途中で道に迷ってしまうかもしれません。見通しをよくするため、超対称性についての主なポイントを、あらかじめ説明しておくことにします。

まず超対称性とは、一言でいえば、「フェルミオンとボソンとの入れ替えに対する対称性」のことです。あるいは、「スピンが½異なる粒子の間の対称性」といってもいいでしょう。

標準理論は、スピンが0と½と1の粒子で構成されています。しかし、これらの粒子の間に超対称性は見られません。ヒッグス粒子（スピン0）やゲージ粒子（スピン1）と、クォークやレプトン（スピン½）とは、スピンが½異なっていますが、スピン以外の性質がまったく違っているので、対称的ではありません。

では標準理論に超対称性を持ち込むにはどうしたらよいでしょう。それには新しく粒子を導入する必要があります。クォークやレプトンに対応して、スピンが0の新粒子が存在するとして、それがクォークやレプトンと同じような性質を持っているとします。

スピン0の粒子は一般にスカラー粒子とよばれます。スカラーとは、大きさのみを持つ量のことです（これに対し、大きさに加えて向き（方向）を持つ量はベクトルとよばれます）。それぞれのスカラー粒子の名前は次のようになっています。スピン0のクォークはスカラークォーク、あるいはこれを短くして「スクォーク」。スピン0のレプトンはスカラーレプトン、あるいは「スレプトン」とよばれます。スクォークとスレプトンは、スカラーフェルミオン、あるいは「スフェルミオン」と総称されます。

ゲージ粒子に対しても、スピンが½のゲージ粒子が存在するとします。この新粒子は「ゲージーノ」とよばれます。このように、ボソンに対応する超対称性パートナー（フェルミオン）の名前には「イーノ」を付けようという決まりになっています。光子（フォトン）のパートナーは「フォティーノ」、グルーオンに対しては「グルイーノ」、Z粒子やW粒子に対しては「ズィーノ」「ウィーノ」などとなります。ヒッグス粒子に対しても、スピンが½のパートナーが存在するとし、

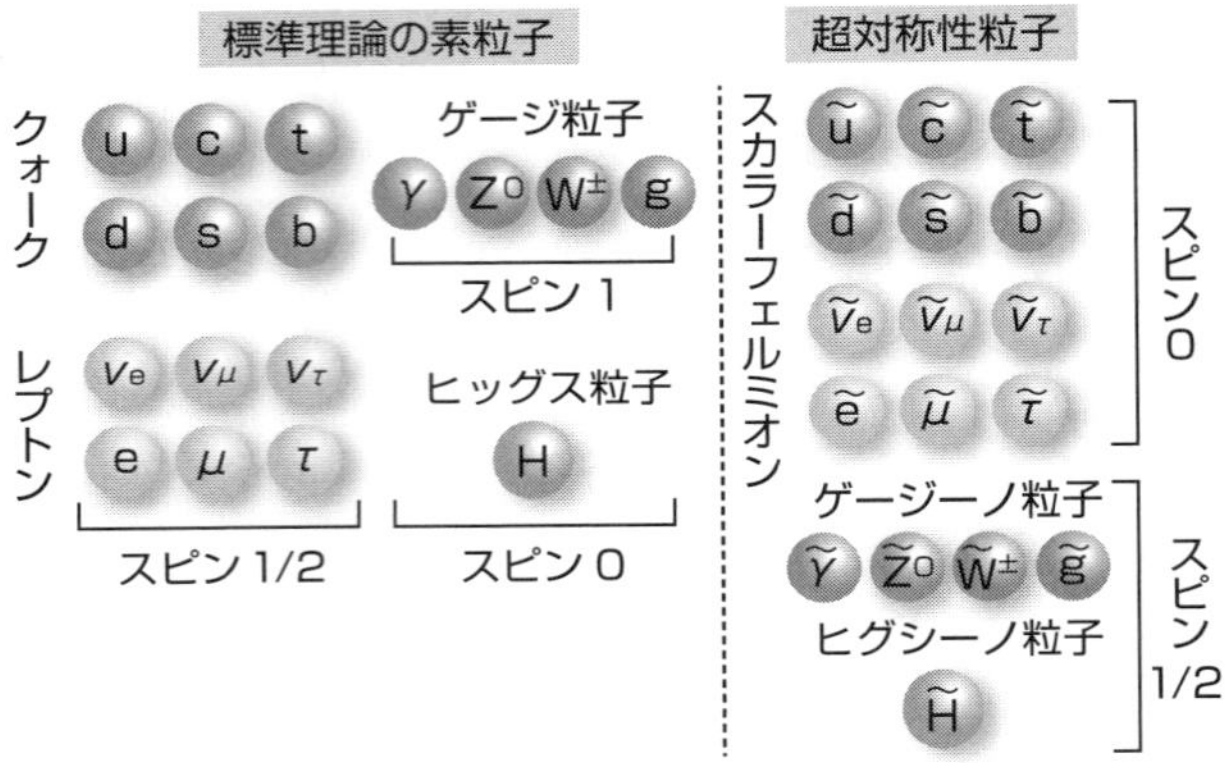

図1.15 標準理論の素粒子と超対称性粒子

「ヒグシーノ」とよばれます。

超対称性パートナー粒子（超対称性粒子ともよばれます）の記号は、対応する標準理論の粒子の記号にチルダ（～）を付けることになっています（図1・15）。たとえば、電子（e）に対応するスカラー電子はẽ、ミューオン（μ）に対応するスミューオンはμ̃、グルーオン（g）に対応するグルイーノはg̃などというふうにです。

もし超対称性が完璧な対称性だったとすると、対応する粒子間でスピン以外の性質はまったく同じでなければなりません。電荷や質量もまったく等しいはずです。しかし、電子と同じ電荷と質量を持つスカラー粒子は存在しません。質量0のフェルミオンで、電磁相互作用を媒介する粒子は存在しません。もし存在していたとすると、電磁気の法則が、私たちが知っているものと大きく異なっているはずだからです。

確かなことは、超対称性は存在しているとしても、必ず破れていなければならないということです。じつは、超対称性粒子は標準理論の粒子より少し重く、これまでの実験ではまだ見つかっていないと解釈すれば、つじつまは合います。それでは、こんなに苦労してまで、超対称性を導入するご利益は何でしょう。

その第一の理由は、標準理論の中に隠れています。標準理論は、物質を構成するフェルミオンと、力を媒介するゲージ粒子と、質量の起源に関わるヒッグス粒子から成り立っています。これらのうち、フェルミオンとゲージ粒子については、しっかりとした原理的裏付けがあるのですが、ヒッグス粒子については、ある理論的な困難がともなっているのです。それはヒッグス粒子の質量にまつわる「階層性問題」です。詳しくは後の章で説明しますが、ヒッグス粒子の質量を精度よく理論的に計算しようとすると、無限大になってしまうというものです。より正確にいえば、ヒッグス粒子の質量は標準理論の中では未知数として入っているので、ある値を仮定して理論式に入れてやればよいのですが、さらに精度を上げようと補正値の計算をすると、その項が発散して（無限大になって）しまうのです。

ゲージ粒子は、「ゲージ対称性」によって守られており、質量の計算値が発散することはありません。またフェルミオンについても「カイラル対称性」というのがあり（これも後で説明します。

スピンに関する鏡像対称性のようなものと考えてください)、これによって質量値が発散から守られています。

しかしヒッグス粒子に関しては、標準理論の範囲ではどうしようもありません。階層性問題の解決には、何か新しい原理が必要です。それが「超対称性」というわけです。自然が超対称なら、すなわち超対称性粒子が存在していれば、標準理論の階層性問題は見事に消え去ります。階層性問題を解決する他の方法も考え出されてはいますが、現時点では超対称性が最も有望であるといえるのです。

超対称性を導入する第二のご利益は、宇宙に存在する「暗黒物質」の有力候補が出てくることです。最近の宇宙・天文の観測データから、宇宙が何からできているかが、かなり精度よく分かってきました。それによると、私たちの目に見える通常の物質は、宇宙全体の5パーセントしか占めていないのです。そして、通常の物質の5倍程度が目に見えない物質(「暗黒物質」とよばれています)で占められていて、残りは「暗黒エネルギー」とよばれる正体不明のものなのです。

つまり、標準理論で説明できるのは、宇宙の5パーセントしかありません。暗黒物質や暗黒エネルギーを説明するには、標準理論を超える新しい物理が必要です。標準理論に超対称性を付け加えた理論からは、暗黒物質の候補となる粒子が出てきます。暗黒物質は目に見えるものではないので、その候補は電磁相互作用の働かない粒子で、安定して存在できるものに限られます。電気的に中性で、最も軽い超対称性粒子（「ニュートラリーノ」とよばれます）が、暗黒物質の最有力候補になっています。

超対称性には、もうひとつご利益があります。それは、標準理論の３つの力を統一することができるということです。それは「大統一理論」とよばれています。

標準理論は、強い力と弱い力と電磁力の３つの相互作用を記述する理論です。これらのうち、電磁力と弱い力は、もともと同じ力であったとしています。つまり標準理論は、電磁力と弱い力を統一したのです。統一された力は「電弱力」とよばれます。強い力は他の力とは統一されていませんが、理論の枠組みとしては、電弱統一理論と同じく「ゲージ原理」にもとづく「ゲージ理論」が考えられています。そこで、電弱力と強い力を統一する大統一理論を、ゲージ理論の枠組みで構築しようという試みは行われているのですが、単純なモデルではうまくいっていません。

標準理論に超対称性を付け加えた理論は、「超対称標準モデル」とよばれます。この理論モデルでは、力の大統一が自然に実現できます。力が大統一されるエネルギースケールは、電弱力の統一スケールと比べて、約１００兆倍というとてつもない高エネルギーです。超対称標準モデルの正しさが証明されたとき、人類の自然に対する知識は一気に１００兆倍広がるのです。そしてその大統一エネルギースケールは、重力のエネルギースケールまであと１０００倍というところまで迫っています。重力まで含めたすべての力の統一まであと一歩ということになるのです。

超対称性の3つのご利益には、共通する点があります。それは「超対称性の破れ」のエネルギースケールです。言い換えれば、超対称性粒子の質量値といってもよいでしょう。そのエネルギースケールが、すでに実験的に確かめられている電弱統一のエネルギースケールの約10倍であるとすると、すべてうまくいくのです。「階層性問題」は解決され、「暗黒物質」のちょうどよい候補を出すことができ、「力の大統一」が達成されるのです。

さらに、そのエネルギースケールが、現在進行中の実験で超対称性粒子を直接作り出して、発見できる範囲にあることも幸運といえるでしょう。また、宇宙に漂う暗黒物質を直接検出しようという実験も行われています。ここ数年のうちに、超対称性の発見ということになるかもしれません。あるいは、十数年後に、「超対称標準モデル」が棄却され、別の新しい方向への模索が始まるかもしれません。こうした実験については、第5章で紹介しようと思います。

将来、もし超対称標準モデルが実験的に棄却されてしまったとすると、超対称性は存在しないといえるでしょうか。確実にいえるのは、超対称性の破れのエネルギースケールが、直接観測できるほど低いところにはなかったということです。これで、先の3つのご利益はなくなってしまいますが、もっとずっと高いエネルギースケールで重力が関わってくるような現象では、超対称性は重要な役割を果たすと期待されています。いやそれどころか、超対称性はなくてはならないものとさえ考えられているのです。

超対称性は、本質的に時空の幾何学と関係しています。そして、それはアインシュタインの一般相対性理論により、重力とも関係してきます。重力を量子力学的に扱おうとする量子重力理論の構築が試みられていますが、そこでは超対称性を組み込んだ超重力理論が最有望と見られています。

重力を含むすべての力を統一し、物質と力も同じものから説明しようとするのが超弦理論です。万物の理論とよばれることもあるこの理論は、万物の根源が点状の粒子ではなく、長さを持った「ひも」であるとします。超対称性は、この理論には必要不可欠のものとなっています。

ＣＰ対称性は宇宙の中の物質の存在に関わる対称性ですが、超対称性は宇宙そのものの存在に関わる究極の対称性といえるでしょう。「なぜ私たちはこの宇宙に存在しているのか」という問いに対する鍵のひとつがＣＰ対称性ですが、「なぜこの宇宙は存在しているのか」という、より根源的な問いに対し、超対称性がその鍵を握っているからです。

超対称性が量子重力のような超高エネルギーで実現しているのなら、超対称性の成り立っている領域が、ずっと低いエネルギーにまで広がっていてもおかしくはないでしょう。それは、超対称標準モデルの３つのご利益に加えて、現在の実験ですぐ手の届くところに超対称性粒子が存在している可能性を高めているともいえるでしょう。そして、超対称性粒子が発見された暁には、それらの詳細な研究を通して、力の大統一ばかりでなく、量子重力の世界まで一気にのぞき込める可能性が現実のものとなるのです。

これで超対称性についてのあらすじはお話ししました。これよりもっと深く知ってもらうには、多少準備が必要です。標準理論の解説にひとつの章をあてる予定ですが、その前に超対称性の理解にとっても重要な「スピン」について、次の章で解説することから始めましょう。

第2章

スピンの正体

アインシュタインは多くの名言を残していますが、その中のひとつに、「この世で最も理解しがたいことは、宇宙が理解できるということだ」というのがあります。これは私が最も好きな言葉です。宇宙が理解できるのは素晴らしいですが、それを理解する人間がこの宇宙に存在しているということはもっと素晴らしいと思われるのです。本章で紹介する、スピンの正体を明らかにした物理理論も、そのような神秘さを思わせるストーリーがあります。

すべての素粒子は、スピンの値により、ボソンとフェルミオンに分けられることを、前章で紹介しました。つまりスピンは、電子やクォークなどの「物質を構成する粒子」と、電磁気力などの「力を伝える粒子」とを分け、素粒子の役割を決める本質的な概念といってもよいでしょう。超対称性はこのボソンとフェルミオンの間の対称性です。本章では、スピンの正確な解釈を、なるべく妥協せずにご紹介したいと思います。

素粒子の世界のスピンとは、地球やコマが自転しているようなふるまいのことという話を前の章でしました。しかし本当のことをいうと、素粒子のスピンは、ニュートン力学で説明されるような自転とは異なり、古典的に対応する現象はありません。もし実際に素粒子が自転していると考えて角運動量を計算すると、非常に速い回転が必要で、その表面速度は光速度よりはるかに速くなってしまいます。つまり、スピンは古典力学とは相いれない、「量子的な」概念なのです。

では、素粒子のスピンという概念がなぜ必要になったかというと、それは「電子の二価性」とよばれる現象の発見によります。当時の量子力学では、電子の二価性について自然に説明することができませんでした。

これを解決したのが、「相対論的量子論」とよばれる新しい量子理論の枠組みです。相対論的量子論とは、20世紀初頭に定式化された２つの理論、量子理論とアインシュタインの特殊相対性理論を合体させた理論のことで、ディラックの方程式とよばれます。ディラックの方程式は、20世紀初頭に急速に発展した物理学における「物質についての理論」である量子理論と、「空間についての理論」である相対性理論という２つの側面を統合し、さらにスピンを初めて自然な形で含んだ、数学的にも非常に美しい量子理論です。

角運動量とは

スピンは、量子力学での角運動量の一種です。角運動量とは何でしょうか。量子力学の話をする前に、まず古典力学での回転運動を振り返ってみましょう。

運動量とは、質量と速度の積という量なので、物体が直線的な運動をしているときの運動の大きさを表わします。一方、角運動量は、物体が回転運動をしているときの運動の大きさを表わす量です。

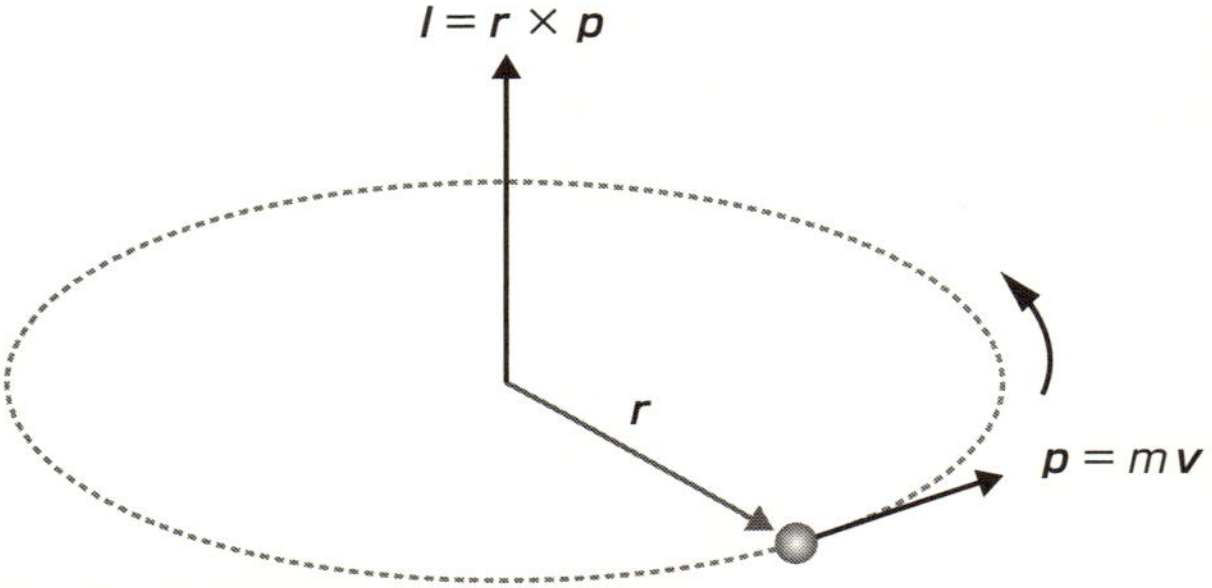

図 2.1 回転運動する物体の角運動量

*r*は物体の位置ベクトル、*m*は質量、*v*は速度ベクトル、*p*は運動量ベクトルで、$p = mv$。このとき物体の角運動量 *l* は外積 $r \times p$ で定義される。

ある点から見て r の位置にいる物体が、運動量 p で運動しているとき、その点に対する物体の角運動量 l は、位置ベクトル r と運動量ベクトル p を掛けあわせた値（外積といいます）$r \times p$ で定義されます。図2・1は円運動する物体の角運動量を示していますが、速さが一定なら、角運動量ベクトルも常に一定ということが分かりますね。角運動量自体は時間によらない一定値を持ち、これを物理学では、「角運動量保存則」といいます。

光が粒子で、電子が波？

古代ギリシャの頃から、物質の最小単位として「原子（元素）」が考えられていましたが、これが哲学上の概念ではなく、実在するものであることが分かってきたのは、化学が発展した17世紀以降でした。19世紀までに多くの元素が発見され、それらが周期表にまとめあげられました。

物質の化学的性質のもととなる最小単位が「元素」ですが、それを物理的に見たものを「原子」とよびます。原子の内部にはさらに構造があり、真ん中に原子核を持ち、そのまわりを電子が周回する「ボーアの原子モデル」をご存知の方も多いでしょう。その構造の理解から、約100種類もある元素の規則性が説明され、それが量子力学へ、そして原子の中の周回運動の理解へと発展してゆくことになるのですが、その端緒は光の研究でした。

18世紀後半に起こった産業革命は、工業化の波をもたらしましたが、その推進役となったのが製鉄でした。製鉄技術を高めるためには、高炉の温度を正確に知る必要が出てきました。高温の炉からは熱や光が出てくるので、それを測定して温度を求めればよいのですが、温度と光の関係が分かっていなければなりません。

物質が熱放射することは、かなり以前から知られていました。炭火や熱せられた金属が光るのが熱放射です。そして、この熱放射の正体が電磁波であることは、電磁気学が発達して明らかになりました。

電磁波と温度の関係を理解するために、すべての波長の放射を完全に吸収する理想的な物体を想定してみましょう。このような物体を「黒体」とよびます。

ところで、あらゆる物体は電磁波を放射しています。人間も例外ではなく、体温に見合った電磁波を常に放射しています。黒体からも電磁波は放射されますが、この放射のスペクトル（波長分布）は、黒体の温度によって特定されます。19世紀後半には、この黒体放射の研究がさかんに行われました。しかし当時の主流であった熱力学の理論では、黒体放射のスペクトルを完全に説明することはできませんでした。短波長領域で一致のよいスペクトルの公式は長波長領域では合わず、長波長側でよい近似となる式は短波長側での一致は悪かったのです。

1900年、マックス・プランクは、光のエネルギーが、ある最小単位の整数倍になっていると仮定すれば、全波長領域において矛盾なく説明できることを示しました。このエネルギーの最小単位が、「エネルギー量子」$h\nu$（hはプランク定数6・6×10^{-34}ジュール・秒、νは光の周波数）です。光の周波数（ν）と波長（λ）の関係は、$\nu=c/\lambda$（cは光速度）で与えられます。

すなわち、黒体放射のエネルギーは、とびとびの値をとる、つまり「量子化」されていると考えたのです。このプランクによるエネルギーの「量子化」は、物理学史上初めて導入されたものでした。これは、エネルギーなどの物理量はすべて「連続的」であるとする古典力学とは、まったく相いれないものでした。

この考えをさらにおしすすめたのがアインシュタインの「光量子仮説」です。この光量子仮説について説明するには、この章の主役となる電子の発見から話さなければなりません。

空気を封入したガラス管の電極に電圧をかけ、ガラス管内の気圧を下げて真空に近づけてゆくと、ガラス管は光り出します。この「真空放電」という現象は、19世紀中頃から知られていました。発明王エジソンらによって、この真空放電で加熱されたフィラメント（陰極）から、負の電荷を持つ粒子（電子）が放出されていることが発見されたのです。

エジソンが発見した現象は、「熱電子放出」とよばれるものです。物質（金属）を熱したとき電子が飛び出すのが熱電子放出ですが、物質に光を当てても電子が飛び出てくる「光電効果」も、この頃までにはよく知られるようになっていました。

光電効果には、非常に不可解な性質があることが知られていました。たとえば、金属にある一定以上の大きさの周波数を持つ（つまり短波長の）光を当てたときでなければ光電効果は起こらず、それ以下の周波数の光をどんなに当てても電子は飛び出してこないことなどです。光が単に波だとするのでは、この現象はどうしても説明できないものでした。

アインシュタインは、この不思議な現象を説明するため、プランクのエネルギー量子化の考えをさらにおしすすめて、光を波ではなく、$h\nu$ のエネルギーを持つ粒子（光量子）と考えました。電子は物質中に束縛されていて、それにある一定以上のエネルギーを与えてやらなければ、物質から出てくることはできません。つまり、ある一定の値よりも大きい周波数の光を当てたときだけ電子が出てくることなどがうまく説明できるのです（図２・２）。

炭火や赤外線ランプの光（長波長）がいくら当たっても、日焼けはしませんね。しかし紫外線

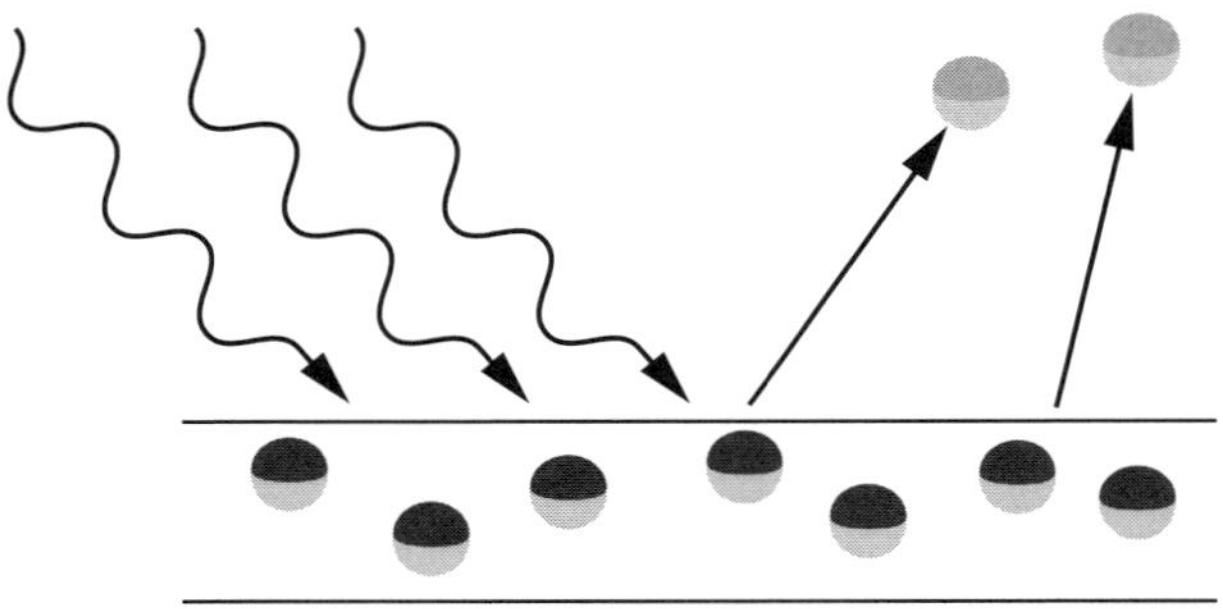

図2.2 **光電効果**
物質中に束縛されている電子に、一定以上の周波数の光を当てると電子が飛び出る。

（短波長）を浴びれば、真黒に日焼けをします。これも光量子による光電効果の一種です。

当然、波の性質を持っている光（電磁波）が、粒子としての性質を示すことは、ニュートン力学でも電磁気学でも説明困難でした。アインシュタインの光量子仮説は、量子論の幕開けとなるものでした。アインシュタインは、（相対性理論のほうではなく）この光量子仮説の功績で、のちにノーベル物理学賞を受賞しています。光量子は、現在では単に「光子」とよばれています。

電子が物質から飛び出してくるという事実は、物質を形作っているはずの原子の内部に、なんらかの構造があることを示唆するものでした。当時は、光電効果の他にもそのような示唆がありました。１８９６年、電子発見の前年には、ウランから放射線が出ていることが発見され、のちにアルファ線（α線）、ベータ線（β線）、ガンマ線（γ線）と種類分けされています。ベータ線の正体は電子、アルファ線の正体はヘリウムの原子核、そしてガンマ線は電磁波であることもわかりました。

このような発見の過程をへて、20世紀初頭には、原子が単一の粒子ではなく、正電荷を持つ粒子と負電荷の電子の集まりであるらしいと考えられるようになってきました。さらに１９１１年、ラザフォードによって、原子は中央に正電荷を帯びた原子核があり、そのまわりを電子がリング状に周回する構造をしていることが明らかになりました。このようなモデルを「惑星モデル」とよんでいます（図２・３）。

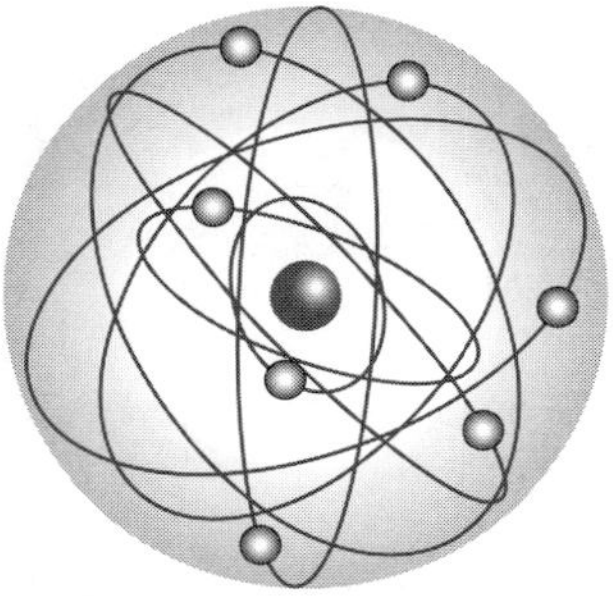

図2.3　ラザフォードの原子モデル

しかし、ここに大きな問題がありました。惑星は重力で太陽のまわりを回っています。同じイメージで、負の電荷を持つ電子が、正の電荷を持つ原子核に電気の力で引きつけられて、そのまわりを回っているとすると、原子の安定性がどうしても説明できないのです。電荷を持つ粒子が加速度運動をすると（公転運動は常にその中心方向に加速する運動です）、電磁気学の法則によって電磁波を放射して、そのエネルギーを失ってしまいます。その結果、電子は原子核に落ち込んでしまうからです。これは、古典論ではど

図2.4 線スペクトルの一例
水素原子の線スペクトルのうち、可視光から近紫外の領域にあるもの（バルマー系列）。

うしても解決できる問題ではありませんでした。

原子について、古典論では解決困難な問題がもうひとつありました。それは原子を高温に熱したときに発する光に関するものです。その光は原子特有の色（つまり特有の波長）をしています。原子が発するこの光のスペクトルを調べると、あるいくつかの波長のところだけに鋭いピークを持つ「線スペクトル」が観測されたのです（図2・4）。

これらの困難を解決する糸口を見いだしたのが、ニールス・ボーアでした。ボーアは1913年に、原子の線スペクトルを説明する原子モデルを提唱します。このモデルで、ボーアはまず電子の角運動量を量子化しました。すなわち角運動量（$\boldsymbol{l}=\boldsymbol{r}\times\boldsymbol{p}$、$r$は電子の軌道半径で、$\boldsymbol{p}$は電子の運動量）がとびとびの値のみ許されると仮定したのです。

これはボーアの量子条件とよばれ、具体的に表わすと$l=n\hbar$というものです。ここで$\hbar$はプランク定数hを2πで割った量（$\hbar=h/2\pi$）で、nは自然数（$n=1$、2、3、……）です。つまり、角運動量は最小単位$\hbar$（量子）を持ち、その整数倍の数値のみ許されると

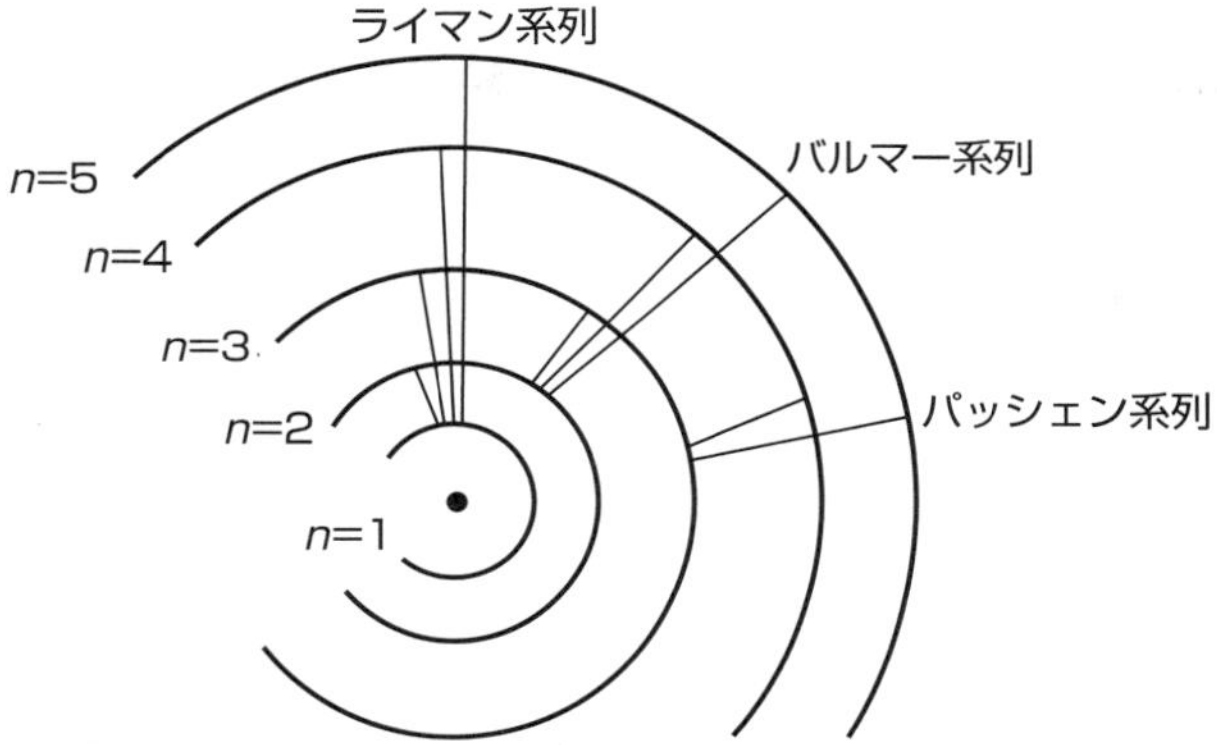

図2.5　ボーアの原子モデル。nは電子の軌道番号

したのです。

この条件さえ課せば、あとはニュートン力学と電磁気学を用いて、電子がとびとびの軌道を持つこと、各軌道は異なるエネルギー状態に対応すること、そのエネルギーはnが１のとき最小で、nが大きくなるにつれて増大することなどが導かれます。そして電子は、とびとびのエネルギー状態（エネルギー準位）をとり、対応する軌道上を運動することになります。

電子がある軌道（高いエネルギー準位）から別の軌道（低いエネルギー準位）へと遷移するとき、そのエネルギー準位の差に相当するエネルギーを持つ光（電磁波）が放出され、それが原子の線スペクトルとなるのです（図２・５）。

では、ボーアの量子条件はどこからくるのでしょうか。１９２４年にルイ・ド・ブロイは、電子は粒子でありながら波の性質を持つという「物質波」の考えを提唱しました。物質波の波長λは、$\lambda=h/p$（hはプランク定数、pは電子の運動量）で与えられるというものです。この考えは、光を粒子として解釈したアインシュタインの光量子仮説に影響を受けたものでした。

ここでボーアの量子条件を少し変形してみましょう。といっても、$l=n\hbar$の両辺に2πをかけてpで割るだけです。角運動量lの大きさは$r\times p$なので、$2\pi r=nh/p=n\lambda$が得られます。そうするとボーアの量子条件とは、電子軌道はその周の長さが物質波の波長の整数倍になるときのみ許されるということだと分かります。つまり、原子核のまわりを回る電子の物質波が定常波となるときだけ、原子は安定でいられるのです。

原子の世界の角運動量

電子を波として解釈し、電子の軌道番号を仮定すると、とびとびの原子スペクトルをうまく説明できることがわかりました。しかし、このボーアの原子モデルにもいくつか限界がありました。

代表的な問題として、原子のスペクトル線は、磁場のある場合にはさらに分裂して、異なるエネルギー準位に分かれることが、１８９０年代から知られていました。この原子スペクトル線分裂の謎を、ボーアの原子モデルでは説明できなかったのです。

ここからは、そういった問題を解決し、新たな原子の描像をあらわにする量子理論の話になります。少し難しい専門用語も出てきますが、まず、量子理論の枠組みでの角運動量がどのようなものであるかについて、なるべくわかりやすく説明を進めていきたいと思います。

「電子は粒子でありながら、波動としての性質を持つ」という物質波の概念について前述しました。これは古典的には大きな矛盾を持つ概念です。ニュートン力学では、粒子（物体）は、初めにその位置と運動量が与えられれば、その後の粒子の運動は完全に決定されます。しかし、波動だとすると、位置や運動量はぼやけて、完全に正確には決められません。

つまり、電子が粒子と波動の二重性を示す原子の世界では、ニュートン力学は成り立たず、まったく新しい力学が必要になるということです。その新しい力学が、ハイゼンベルクとシュレディンガーたちによって作られ、アインシュタインの相対性理論とともに、現代の物理学を支える柱となった量子力学です。

１９２５年、ハイゼンベルクは、行列を用いて位置 x や運動量 p などの「物理量」を表現した運動方程式を提唱しました。一方、シュレディンガーは１９２６年に、電子を波動現象の関数（波動関数）として表わし、その波動関数が従う波動方程式を提唱しました。波動方程式は微分方程式の形をしており、それを解けば波動関数が求められ、電子のふるまいが分かるのです。

シュレディンガーの波動方程式では、位置 x や運動量 p などの物理量には、それぞれに特有の

「演算子」が対応付けられています。

演算子とは、関数に作用して特定の演算を行うことを表わす記号です。足し算の「+」や引き算の「−」などが最も単純な演算子の例ですが、量子力学では、演算子を波動関数に作用させると、対応する物理量が計算できるように組み立てられているのです。

たとえば、演算子 x を波動関数に作用させれば、電子の位置を測定した値が計算でき、演算子 p を作用させれば運動量を測定したときの値が計算できます。シュレディンガーの理論とハイゼンベルクの理論は、見かけは異なりましたが、すぐに両者は同等であることが示されました。

先ほど、粒子が波動だとすると、位置や運動量はぼやけて、完全に正確には決まらないという話をしました。これは、量子理論では「不確定性原理」(あるいはハイゼンベルクの不確定性原理)とよばれ、位置と運動量の両方を同時に正確に確定できないことを意味しています。この不確定性原理は、ハイゼンベルクとシュレディンガーの2つの理論に組み込まれています。これは量子力学の本質ですので、詳しく説明します。

古典力学では、位置 x と運動量 p はただの数なので、数式の中で交換することが可能です。つまり、$xp=px$、あるいは、$xp-px=0$です。ところが量子力学では、x と p の順番を変えると値が変わり、$xp-px=i\hbar$となります(iは虚数単位)。つまり、位置と運動量の交換関係は「非可換である」(交換可能でない)ということです。

非可換であることが物理的に何を意味しているかというと、位置を測って（xを先に方程式に作用させて）から運動量を測った（pを作用させた）値と、運動量を測って（pを先に作用させて）から位置を測った（xを作用させた）値とは、異なるということを意味しています。さらに先の式から、位置の測定精度と運動量の測定精度の積は、$\hbar/2$より小さくはならないことが導かれます。これが「不確定性関係」です。

プランク定数hは非常に小さい量なので、原子ほどの小さなスケールの世界に行ったときに、不確定性関係が現れてきます。hは光の粒子性を表わす基本的な定数としてプランクによって導入されましたが、電子の波動性においても根本的に重要な役割をしています。hを０に近づける極限で、量子力学は古典力学に一致するようになるのです。

２つの物理量が非可換であると、同時に正確に量を決定することはできず、交換可能であると、同時に決定することができる、という交換関係は、量子力学ではとても重要な役割をします。

本書のテーマにとって、これがよく分かることはさらに深い理解につながります。そこで、少しだけ数式を用いて説明してみたいと思います（さらに詳しく知りたい読者は巻末の解説付録１をご覧ください）。

電子の持つ軌道角運動量を$\boldsymbol{l}=\boldsymbol{r}\times\boldsymbol{p}$と表わすことにします。$\boldsymbol{l}$は軌道角運動量、$\boldsymbol{r}$は電子の位置、$\boldsymbol{p}$は電子の持つ運動量です。$\boldsymbol{r}$や$\boldsymbol{p}$は、それぞれ$x$軸、$y$軸、$z$軸に対応する３つの成分

に分けられますが、$\boldsymbol{l}$も$\boldsymbol{r}$や$\boldsymbol{p}$と同様、測定が可能（観測可能）な物理量なので、これも3成分を持つベクトル量になります。

しかし、量子力学における不確定性原理から、各成分どうしは同時には測定可能ではありません。このように考えていくと、軌道角運動量の大きさlは、その成分のうちひとつとだけ同時に測定可能である、ということが導かれます。この成分（たとえばz方向とします）は、磁気量子数l_zとよばれます。

さて、量子力学では角運動量は量子化されます。軌道角運動量のとれる値は$\hbar$を単位として、0、1、2、3、……という整数値のみになります。磁気量子数はというと、マイナスlからプラスlまでの間の整数値しかとれません。すなわち、lが0のときはl_z＝0だけ、lが1のときはl_z＝−1、0、+1だけ、というようにl_zは（$2l+1$）個の値だけが許されることになります。

さらに、この考え方をシュレディンガーの方程式に当てはめると、「主量子数」とよばれる自然数n（＝1、2、3、……）が出てきます。これはボーアの軌道番号に相当し、原子内の電子のエネルギー準位は、この主量子数で決まります。nが1のエネルギー準位が、最も低いエネルギーの状態で、安定しています。nが大きくなるにしたがって、エネルギー準位が次第に高くなってゆくのです。そして、軌道角運動量lは主量子数nより小さくなければならないことも出てきます。

原子にエネルギーが与えられ、電子が高いエネルギー準位に励起されると、いずれその電子はより低い準位に落ち込み、そのエネルギー準位の差が、電磁波として放出されます。これが原子スペクトルだったのです。

こうして、原子スペクトルは解決したかに見えましたが、じつはまだひとつ大きな謎が残っていました。それが、科学者たちをスピンという概念へと導いた「電子の二価性」問題です。

電子の二価性とスピン

これまで見てきた原子スペクトルは、さらに詳しく調べてみると軌道角運動量だけではどうしても説明がつかない、より複雑なスペクトル線の分裂が見られることが分かってきたのです。また１９２２年には、均一でない磁場の中で電気的に中性の原子ビームを走らせる実験が行われ、ビームが２つに分かれることが見つかりました。磁気をかけると２つに分かれたので、これは２つの磁気量子数を持っていることを示すものでした。

前節で述べたように、電子が持つ軌道角運動量からは1、3、5、……などのように奇数個の磁気量子数の状態しか出てきません。２つの磁気量子数の状態は、電子自体に内在する自由度と考えられ、「電子の二価性」とよばれるようになったのです。

この電子の持つ余分な自由度を「古典的記述が不可能な二価性」と最初に見抜いたのは、量子力学の分野で数多くの大きな業績をあげた物理学者、ヴォルフガング・パウリです。そして後にノーベル物理学賞を受賞することになったのが、同じ量子状態には2個以上の電子は存在できないとする「パウリの排他原理」提唱の業績です。なぜ2個以上の電子が同じ量子状態に存在できないかは、現在でもわかっていません。しかし、量子力学に電子の二価性とパウリの排他原理を取り入れると、原子の安定性や、元素の周期表が見事に説明できることが分かっています。

では「古典的記述が不可能な二価性」の正体とはいったい何なのでしょうか。それが「自転する電子」であるとする考えは、太陽のまわりを回りながら自転する惑星の運動との類推で、一見自然な考えと思われます。しかし、自転の角運動量の量子化を、軌道角運動量と同じようにやったのではうまくいかないことに、パウリをはじめ、何人かの物理学者は気付いていたのです。

まず、電子の二価性がどのように回転の概念から生じるかを、説明しましょう。物体の回転を、一般的な座標軸の回転として数学的に表わしてみましょう。それは、ある3次元ベクトル$\boldsymbol{J}$=(J_x、J_y、J_z)を用いて記述できます。J_x、J_y、J_zは、それぞれx軸、y軸、z軸のまわりの回転に対応するものです（図2・6）。この$\boldsymbol{J}$の3つの成分の組み合わせで、空間内のすべての回転を表わすことができます。

そのうえで、$\boldsymbol{J}$の各成分について、前節で触れた量子力学の交換関係をあてはめ、許される電子の量子状態を求めてみます。すると、Jの取り得る値は、0、$\frac{1}{2}$、1、$\frac{3}{2}$、2、……のようになったのです。軌道角運動量では解釈できない半整数も含まれていました。

この半整数角運動量で最も単純な場合、Jが$\frac{1}{2}$のときを見てみると、Jの持つ成分のひとつ（磁気量子数J_z）はマイナス$\frac{1}{2}$とプラス$\frac{1}{2}$の2つの状態が許されます。これを電子が持つ二価性のもとと考えれば、原子スペクトルの謎をうまく解決できることが分かったのです。

電子が内在的に持つ（軌道角運動量ではなく、自転に対応するように見える）$\frac{1}{2}$の角運動量のことは、「スピン」とよばれるようになりました。そして、スピンがプラス$\frac{1}{2}$の状態は「上向きスピン」、マイナス$\frac{1}{2}$の状態は「下向きスピン」とよばれます。あるいは、ネジの向きになぞらえて、それぞれ、「右巻き」「左巻き」とよばれることもあります。この場合は、電子の進む方向（ネジの進む方向）が基準です。

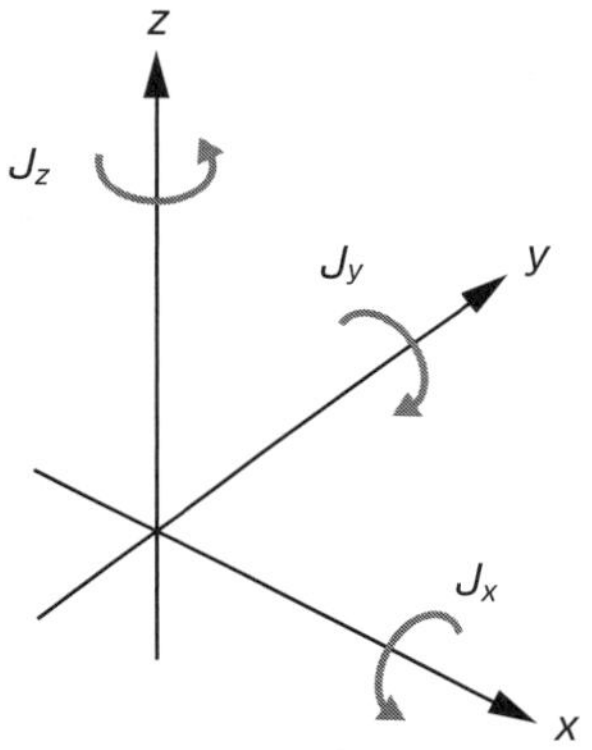

図2.6　**座標軸の回転を表わすベクトル**

角運動量$\frac{1}{2}$は、0を除いた最小の角運動量の値ですから、角運動量の基本量とも考えられます。つまり、角運動量$\frac{1}{2}$から、あらゆる角運動量が合成できるのです。

これで量子力学における「二価性」については説明がつきましたが、では物理的実体である電子が持つスピンとは何なのでしょう。電子を小さな惑星のような、たとえば球状の剛体だと考えると、大きな困難がともなうことは、パウリらによって知られていました。

仮に電子がある電荷分布を持つ剛体の球であったとしましょう。すると、電子が自転の角運動量でスピン½を持つには、非常に速い回転が必要で、計算上その表面速度は光速度よりはるかに速くなってしまいました。万物が光速を超えることはないという相対性理論とは矛盾してしまいます。

スピンは、角運動量の一種ではあるが、それと古典的に対応するものはなく、しかし電子が持つ「古典的記述が不可能な二価性」は、原子スペクトルなどいろいろな量子の世界の現象をうまく説明できます。この粒子の角運動量に、新たな空間を想定することでこれらに解釈を与えたのが、パウリでした。

スピンが住む時空

パウリの解釈は、スピンは、私たちの住む通常の空間内の回転ではないとするものでした。パウリは、複素2次元という、実空間にはない虚数の成分を持つ空間を想定したのです。

複素数とは、実数と虚数を合わせた値のことです。２乗するとマイナス１になる虚数 i という単位を使用し、数学者ガウスが発展させました。複素数は、すべての科学分野において重要な役割を担っているといっても過言ではないでしょう。

電子のスピンの各成分は、量子力学における一般の角運動量と同じ交換関係を持ちます。パウリは、いわゆる「パウリ行列」というものを導入し、電子のスピン状態を、上向きスピンと下向きスピンの２つの成分を持つ２次元複素ベクトルで表わすことに成功しました（詳しくは巻末の解説付録２を参照）。つまり電子のスピンとは、複素２次元空間内の回転と考えられるのです。

では、スピンと私たちの住む通常の実空間の回転との関係はどうなっているのでしょう。量子力学では、スピン½とスピン½を合成すると、角運動量１と角運動量０が得られます。この、スピンが住む複素２次元空間内の回転と、通常の３次元実空間内の回転の間の対応関係も、計算してみると面白いことがわかります。

通常の３次元空間内の回転は、図２・７の左図のように３つの軸のまわりの回転の合成で表わせますが、複素２次元空間内での回転は、右図のようにイメージすることができます。これら両空間での回転は、１対１に対応付けることができます。しかしここで面白いのは、私たちの住む３次元空間での１回転が、複素２次元空間では半回転に相当するということです。つまり、３次元空間での10度が、複素２次元空間では５度になるのです。したがって、３次元空間で１回転し

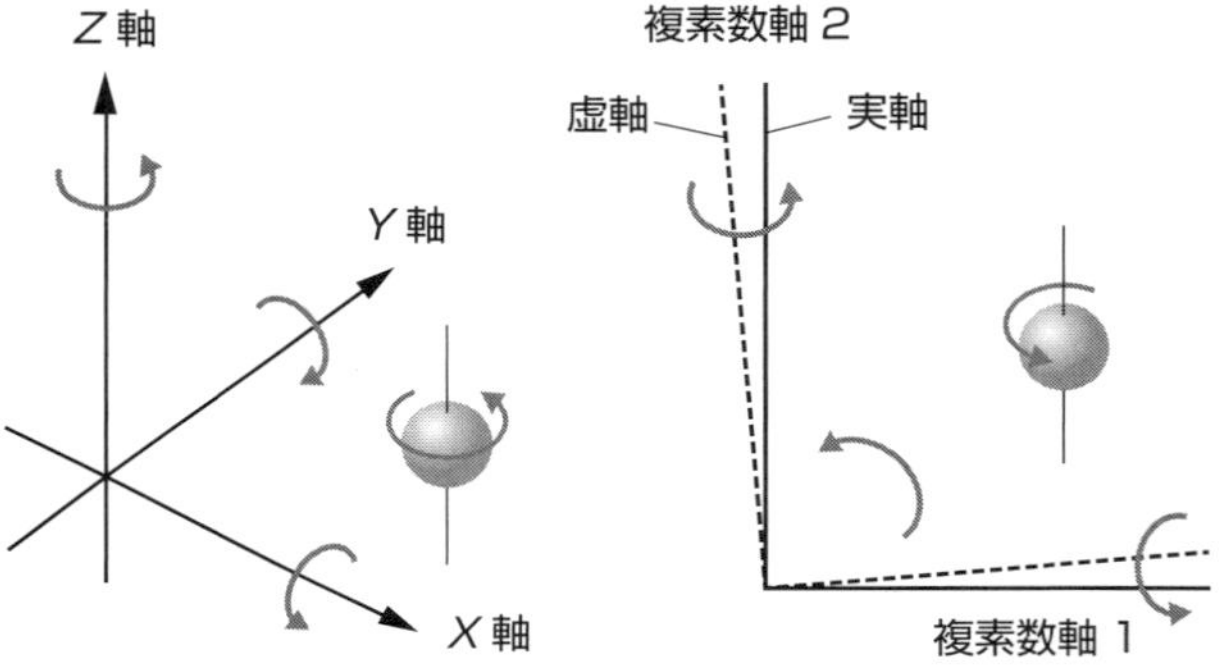

図2.7　3次元実空間の回転(左)と複素2次元空間の回転(右)
両者は1対1に対応している。しかし、3次元実空間の回転からは軌道角運動量が出るが、2次元複素空間の回転からはスピンが出てくる(複素2次元空間のグラフは実際には描けないが、イメージが分かるように虚軸と実軸として仮に表わした)。

たとき、スピンの向きは半回転、つまり逆を向いているということで、これが元に戻るには720度回転させる必要があります。このような別空間に住むベクトルが、電子スピンの状態を表わしているのです。

このスピンの回転は、数学的には図2・8のようなリーマン面で表わすことができます。スピンが住む時空は、図のような2重構造を持っていると考えられるのです。スピンの向きを回転して、元の向きまで戻ってくるには、通常の時空で2回転させなければならないことがわかるでしょう。

これが「古典的記述が不可能な二価性」の本質です。電子スピンの状態は、複素2次元空間内のベクトルですが、量子力学の方程式に従うような特殊な変換性を持つ量なので、「スピノ

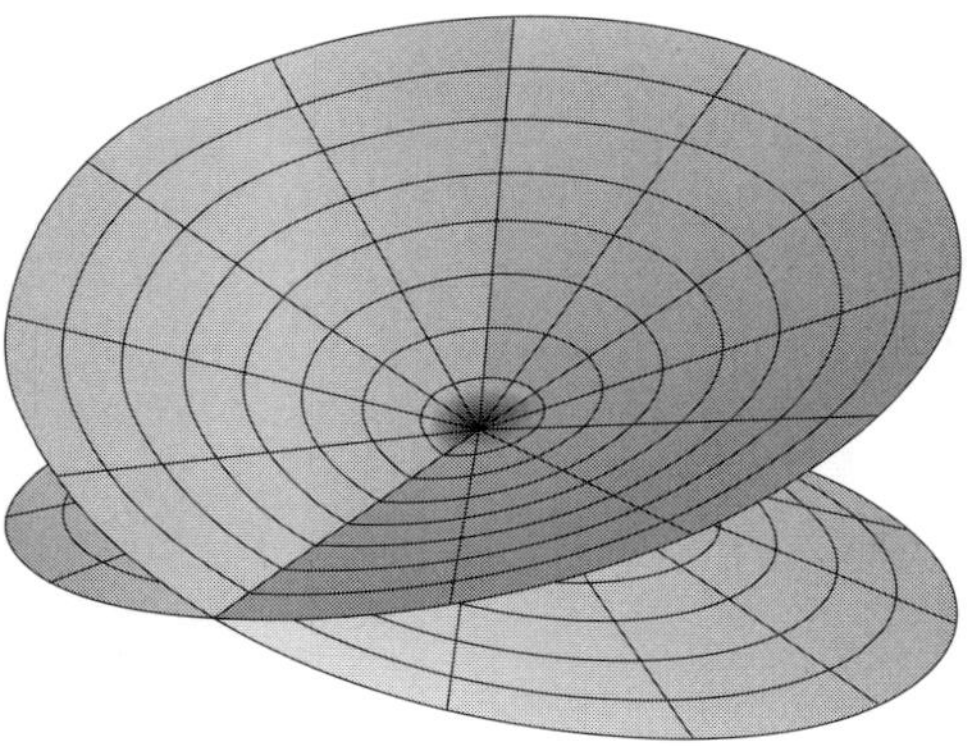

図 2.8　スピンの回転とリーマン面

ル」と命名されました。２つのスピノルから、通常のベクトルを構成することができるので、スピノルは「半ベクトル」とよばれることもあります。

しかし、このスピノルを発見したパウリですら、なぜ粒子がこのような性質を示すのかを説明できませんでした。それを解決したのが、これから説明するディラックの相対論的量子論です。

時空の統合と幾何学

さて、ここまででスピンの正体と解釈について量子力学から理解することができました。このように物質のふるまいについて理解を深めた量子力学ですが、無視できない欠陥があったのです。それは、私たちの住む「時空」の理論である、相対性理論と相いれないものだということでした。

ハイゼンベルクやシュレディンガーが作り上げた量子力学は、ニュートンの古典力学を量子化した理論です。それは、原子内で原子核のまわりを回る電子のように、運動エネルギーが小さくて、その速度が光速度に比べて十分小さい場合には正確な答えを導くことができます。しかし、粒子の速度が光速度に近づくと適用できなくなるものでした。

相対性理論と量子力学とを合体させた理論を相対論的量子論とよび、この理論からは、スピンが自然に導き出されます。これは、スピンの起源が相対論的なものであることを示しているといえるでしょう。スピンの性質をよりよく理解するため、本章の残りはこの驚くべき理論について説明したいと思います。

そのため、まず時空の本質であるアインシュタインの相対性理論について理解する必要があります。

相対性理論の「相対」とは、相対運動のことを指します。たとえば、地上で立ち止まっている人と、電車の中で立っている人とでは、互いに動いているように見えます。両者とも立ち止まっているにもかかわらず、地上で立ち止まっている人には、電車の中の人がある速度で動いているように見えますし、電車の中の人にとっては地上の人が相対的に反対側に同じ速度で動いているように見えます。

この相対運動について、古典力学の枠組みで初めて考えたのはガリレオでした。速度 v_1 で走っ

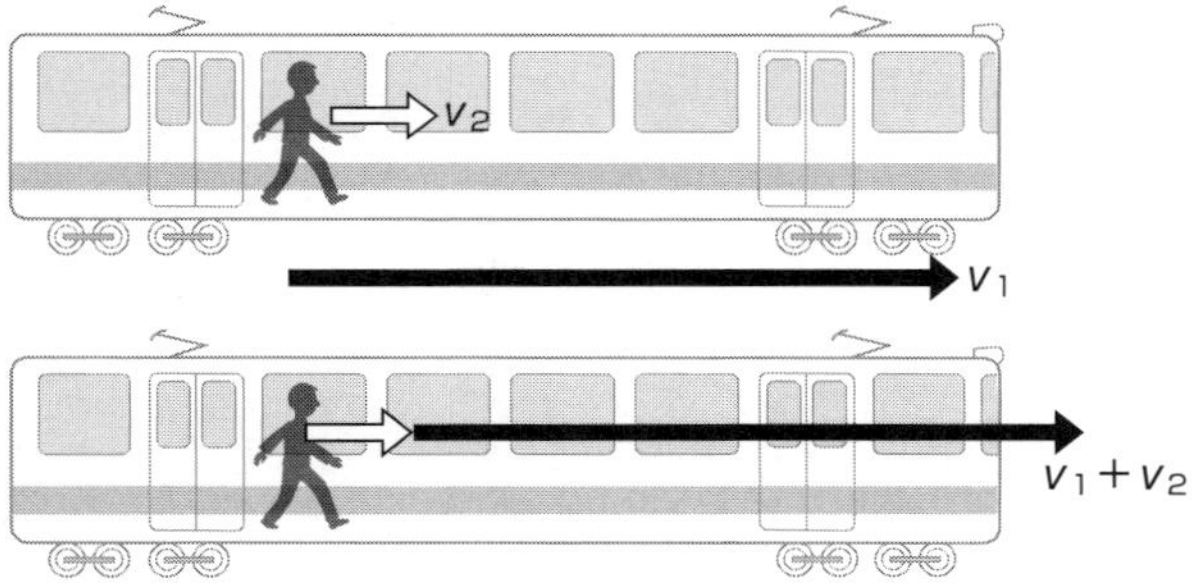

図2.9　**相対運動の例**
上の図は、速度v_1（黒い矢印）で走っている電車の中で、速度v_2（白抜きの矢印）で歩いているところを示している。この人を地上に立ち止まっている人が見たとしたら、速度v_1＋v_2で動いているように見えるだろう（下の図）。

ている電車の中を速度 v_2で歩いている人の運動を考えてみましょう。地上に立ち止まっている人から見ると、電車の中の人は速度 v_1 ＋ v_2で動いているように見えます（図２・９）。このような相対的に運動している系どうしの座標変換を、「ガリレオ変換」とよびます。

そしてガリレオの相対性原理というのは、どんな速度で運動している系で見ても（たとえそれが、光速のように非常に速い運動であっても）同様に成立するということをいっています。しかしこれは、19世紀後半から知られていた、「光速は誰から見ても一定である」という実験結果と大きく矛盾します。静止している人にとって光速が c であれば、光の進行方向にそって速度 v_1で運動している人にとって、光速は c から v_1を引いた値であるはずです。

光速度が不変であることを理論的に導き出したの

は、電場や磁場の概念を用い、これらのふるまいを記述する電磁気学の基礎方程式を生みだした、マックスウェルです。マックスウェルは、彼の方程式から、電場と磁場が互いに作用し合って進む波動が存在することを見つけました。これが「電磁波」です。しかも、電磁波の進む速度が光速度とよい一致を示したため、光は電磁波の一種であると提唱したのです。

しかし、ここで大きな問題が浮き彫りになりました。マックスウェルの方程式から導かれる光速度は、真空の誘電率と真空の透磁率とよばれる物理量だけから決まってしまうのです。つまり、光速度は真空の性質だけに依存し、光速度を測定する人がどんな速さで動いていたとしても、一定の値であるということです。これは光に向かって進む観測者と、光と同じ方向に進む観測者とでは、光速度は違って見えるはずという、古典力学では説明のできないことでした。

光については、もうひとつ別の問題がありました。それは光という波（あるいは電磁波）は、何が振動しているのかという問題です。水面上の波紋の媒質は水であるように、波動には何らかの媒質が必要であり、当時は光の波動が伝播するための媒質として〝エーテル〟とよばれる何かが存在すると考えられていました。マックスウェル自身も、エーテルの運動を基準とした絶対座標系が存在して、その座標系でのみ電磁気学の法則が成り立つと考えていたようです。

1887年、光速度が観測者によらず一定であることを示した、画期的な実験（「マイケルソン－モーリーの実験」）が行われました。すなわち、ニュートン力学と電磁気学との矛盾は、電磁気

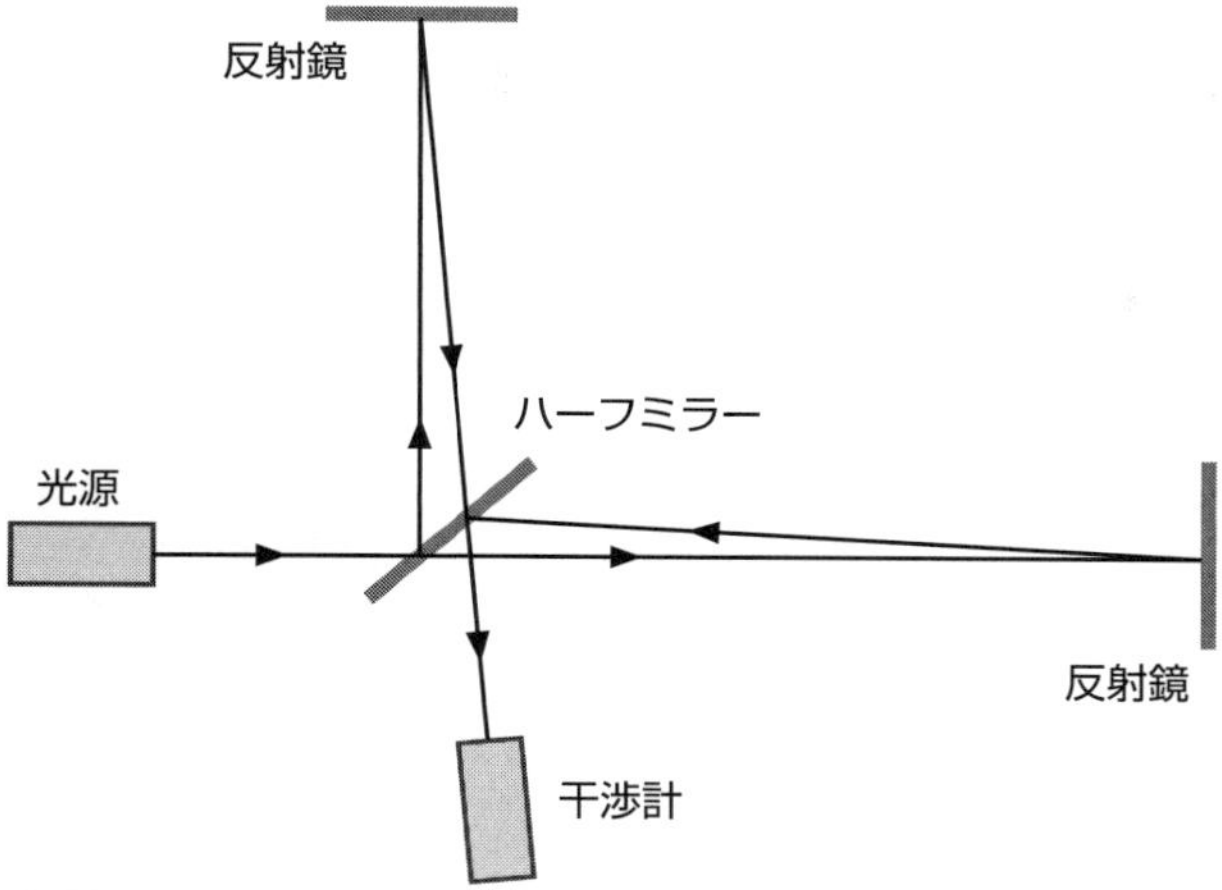

図2.10　マイケルソン－モーリーの実験

学のほうに軍配が上げられたのです。

マイケルソンとモーリーが行った実験は、エーテル（という絶対座標系）に対する地球の運動（言い換えれば地上で感ずるエーテルの流れ）を検出する巧妙なものでした（図２・10）。

この装置は、一言でいえば光の干渉計です。光源からの光をハーフミラーで互いに垂直な２つの光線に分けて、それぞれハーフミラーから同じ距離の位置に設置した鏡で、もとの位置に反射させます。２つの光線が出会うと、波の干渉を起こします。光の波がずれていれば、干渉縞にずれが発生します。エーテルの風に対して平行に進む光と、垂直に進む光とでは速度が異なるであろうということを利用したものです。

実験の結果は、エーテルの風に対する影響はまったく見られないというものでした。

マイケルソン－モーリーの実験結果を説明しようと、ヘンドリック・ローレンツは、ガリレオ変換の代わりに、それを修正した「ローレンツ変換」を考え出しました。ガリレオ変換は、時間の流れは共通で（「絶対時間」とよばれます）、空間座標が互いに等速度で動いている座標変換です。ところがローレンツ変換は、どんな系でも光速度を一定にするため、各系で時間の流れも異なるとしています。この結果、時間の進み方が観測者によって異なったり、動いている物体の長さが縮んで見えたり（ローレンツ収縮）することになります。

これは素晴らしい考えでした。ローレンツ変換では、どんな系でも電磁気学は同じ形に表わされ、そして系の速度が光速度に比べて小さいときは、ローレンツ変換はガリレオ変換と同じ形になるのです。しかしローレンツは、エーテルと絶対座標系の考えは捨てず、物体の長さがエーテルの効果によって実際に縮むと考えたのです。彼は、ローレンツ変換が時空の基本的性質を表わしていることに気付かなかったのです。

ローレンツ変換を用い、そして絶対座標系の存在を排してエーテルの存在を否定したのが、アルバート・アインシュタインでした。アインシュタインは、１９０５年に発表した論文で、マイケルソン－モーリーの実験結果を普遍的な原理（「光速不変の原理」）としてとらえ、これと「どのような速さで動いても、自然の法則（力学と電磁気学）は同じように成り立つ」とする「特殊相対性原理」とを同時に満たす理論を構築しました。これが有名な特殊相対性理論です。

アインシュタインのこの理論の正しさは、その後多くの実験によって証明され、そして他の物理理論の基礎ともなって、現代の物理学を支える大きな柱となっています。

たとえば、特殊相対性理論のひとつの帰結として、世界一有名な方程式と称されるのが$E=mc^2$です。この式は、物体のエネルギー（E）と質量（m）が等価であることを表わしています（cは光速度）。質量とエネルギーは互いに移り変われるということです。原子力発電などに利用される原子核エネルギーがその例です。

他にも素粒子の世界では、寿命の短い素粒子が光速に近いスピードで飛んでいるときには、寿命が何倍にも延びることはよく知られています。また、最近カーナビや携帯電話などに使われているGPSも、高速で動いているGPS衛星に搭載されている原子時計は、ローレンツ変換による時間の遅れを補正して使われているのです（実際には、特殊相対性理論に重力を含めた理論である「一般相対性理論」による効果の補正もされています）。

光速不変の原理は、光速度c（秒速30万キロメートル）がこの世で最大のスピードであることをいっています。有限の質量を持つ物体をどんなに加速しても、限りなく光速度に近づけるものの、光速度に等しくはできないのです。光はなぜ光速度で飛べるかというと、光は質量が0の粒子であるからです。逆に、質量が0の粒子は、常に光速度で動いていて、どんなに運動エネルギーが小さくても、決して光速より遅くなることはありません。

特殊相対性理論によって、エーテルや絶対座標系、絶対時間の存在は否定されました。そのかわりに出てきたのが、ヘルマン・ミンコフスキーによる新しい時空の概念でした。アインシュタインの数学の先生でもあったミンコフスキーは、空間の3つの次元と時間の次元を組み合わせた4次元の時空を用いることで、特殊相対性理論が簡潔に記述されることを見いだしました。この4次元の時空は「ミンコフスキー空間」(またはミンコフスキー時空)とよばれています。ローレンツ変換で時間と空間が入り混じるのですが、これがミンコフスキー空間の考え方によって、幾何学的に明快に表わされるのです。

ニュートン力学での空間は、3つの座標軸が直行する3次元の空間です。数学ではユークリッド空間とよばれます。この空間では、座標系を平行移動させたり回転させたりしても、2点間の距離は変わりません。ガリレオ変換を行っても、長さは不変です。

しかし、ローレンツ変換を行ったときは、ローレンツ収縮で長さが縮みます(ただし、これは動いている物体が縮んで見えるというだけで、実際に物が縮んでいるわけではないことに注意してください)。

ミンコフスキー時空では、ローレンツ変換を行ったときに長さは不変ではありませんが、かわりに不変となる量が存在します。それは、通常の空間(3次元ユークリッド空間)での長さを4次元時空に拡張した量で、「世界長さ」とよばれています。たとえば、通常の空間内の点(x、

y、z）と原点（0、0、0）との距離lは、$l^2=x^2+y^2+z^2$で表わされる量ですが、世界長さsは、$s^2=x^2+y^2+z^2-(ct)^2$という式で表わされる量のことです。ここで時間tに光速度cを掛けているのは、長さの単位に合わせるためです。

この世界長さの式を、ちょっと変形してみると、面白いことがわかります。前節でも出てきた虚数を導入するのです。虚数iは2乗するとマイナス1になるので、これを使えば、$s^2=x^2+y^2+z^2+(ict)^2$と変形できます。ここで（ict）を第4の座標と考えれば、これが4次元のユークリッド空間になっていて、この式が3次元ユークリッド空間での距離の拡張になっているのがわかるでしょう。

つまり、ミンコフスキー空間とは、4次元ユークリッド空間の1つの座標軸を虚数にしたものなのです。そして、ローレンツ変換とは、その4次元ユークリッド空間の虚数軸と他の実数軸との間の回転ということなのです。

スピンを生み出す時空

新しい時空の描像は、絶対座標空間と絶対時間を許さないことを見てきました。これまでの量子論も、光速に近い速度で運動する粒子には適用できず、修正を余儀なくされました。しかし、これは簡単な修正ではありませんでした。シュレディンガーやハイゼンベルクを始め多くの物理学者が、相対論的な新しい量子力学の構築に取り組み、失敗を重ねていたのです。

ニュートン力学のエネルギーと運動量、質量、速度などの関係式を相対論で置き換えた式をもとにすることはできるのですが、負の確率が生じる困難が指摘され、またスピンを導き出すこともできなかったのです。

相対性理論と量子力学とを合体させることに成功したのは、ポール・ディラックです。ディラックが用いた手法は、パウリが「アクロバット」と評した天才的なものでした。1928年に彼が見いだした相対論的量子力学の式（ディラック方程式）を解くと、パウリの行列式と2成分のスピノルが現れます。すなわち、ディラックの方程式は、電子のスピン（1/2）を自然な形で含んでいるのです。つまり、量子力学をミンコフスキー時空で構築することにより、スピンは自然に導き出されるという驚くべき発見でした。

ディラック方程式を解いて得られる答え（波動関数）は4成分のスピノルで表わされます。この4成分のうちの2つはスピンの自由度ですが、残る2つの自由度は何なのでしょう。ディラックの方程式には、正のエネルギーの解と同時に、負のエネルギーの解も含まれていたのです。負のエネルギーの状態など、古典論ではありえませんが、ディラックはこれを、負のエネルギーの状態すべてが電子で満たされているとする「ディラックの海」の概念によって問題を解決したのです。

その概念は、こういうものです。前出のパウリの排他原理に従うと、ひとつの状態には1個の電子しか入ることができません。そのため、負のエネルギー状態がすべて電子で埋まっている状態というのを考えることができ、これを「真空」の状態と定義します。このディラックの海の中のひとつの状態に空きができたとすると、この空孔は負のエネルギーが欠けた状態なので、正のエネルギー状態となり、かつその電荷も絶対値が電子の電荷と等しい正の値を持つことになります。これを、電子の反粒子（陽電子とよばれます）と考えるのです。

ディラック方程式は、非常に簡潔で、大変美しい形をしています。一見しとても単純な式から、電子のスピンが自然に導かれるのです。スピンは量子力学的な物理量でありながら、その起源が相対論的なものであることを示しているのです。そしてさらにディラック方程式は、それまで誰も考えもしなかった反粒子の存在を予言したのです。物理理論の大きな成功といえるでしょう。

その後、陽電子は実際1932年に宇宙線の観測から発見されました（写真2・1）。この発見により、ディラックは1933年にノーベル物理学賞を受賞しています。

ディラックが導入したスピノルには、さらに興味深い性質があります。これが「超対称性」の核心の理解につながる重要なポイントです。

相対論におけるベクトルとは「4元ベクトル」のことで、時間に対応する物理量と空間に対応

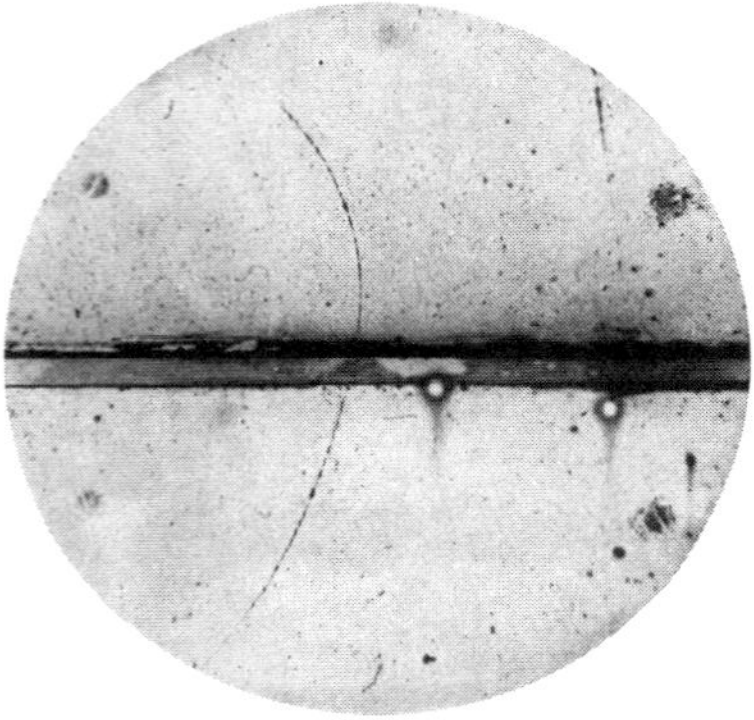

写真2.1　霧箱でとらえられた陽電子の写真
上下方向に伸びる曲がった線が陽電子の飛跡で、横方向の太い線が鉛板である。写真下方から飛んできた陽電子が、鉛板でエネルギーを失い、磁場で大きく曲げられるようになった様子が見てとれる。陽電子であることは、飛跡の曲がる方向で分かる。

する3次元ベクトルをまとめて4成分のベクトルとして表示したものです。4元ベクトルは、ミンコフスキー時空内での4次元の回転の規則に従っています。たとえば、ミンコフスキー時空内での位置ベクトル（時間と空間の3成分）は4元ベクトルです。それから、ある物体のエネルギーと通常の運動量（3成分）を合わせたものも4元ベクトルで、4元運動量とよばれます。

どんなローレンツ変換（つまりミンコフスキー時空内での任意の回転）を行ったときでも、まったく変化しない物理量も存在します。そのような量が「スカラー」です。ローレンツスカラーあるいはローレンツ不変量などともよばれます。たとえば、世界長さや物質の質量はスカラーの例です。

ローレンツ変換の規則を満たす量を「ローレンツ共変量」とよびます。スカラーや（４元）ベクトルはローレンツ共変量です。複数のベクトルを組み合わせて作られる「テンソル」もローレンツ共変量です。

ディラックの４成分スピノルは、特殊相対性理論のベクトルとは異なったローレンツ変換性を示しますが、それでも立派な共変量の仲間です。さらにスピノルは、ベクトルなどのそれまで特殊相対性理論で知られていた共変量とは異なる「二価性」を持っています。これはパウリのスピノルが持っていた「古典的記述が不可能な二価性」と同じものです。

そしてさらに、ディラックのスピノルを組み合わせることにより、特殊相対性理論の他のすべての共変量を構成することができます。ディラックのスピノルは、パウリのスピノルと同様に「半ベクトル」であるともいえます。つまり、ディラックのスピノルは最も基本的なローレンツ共変量なのです。

いかがでしたでしょうか。磁場の中で起こる電子の二価性から生まれ出たスピンの量子力学的な概念が、パウリの複素空間により説明されました。そして、量子力学を相対論的なミンコフスキー時空内で構築することで、自然と導き出されたのがスピンです。

この章の締めくくりに、朝永振一郎さんが書かれた『スピンはめぐる』という本の中のある一節を紹介しましょう。スピノルの名付け親であるエーレンフェストの論文から抜き出した一文です。

……等方的な3次元空間やミンコフスキーの4次元世界のなかに神秘的なスピノル族という種族が棲んでいるという、そういう薄気味悪い報告が、相対論が世に出て（テンソル算法が生まれて）から20年たって、パウリやディラックの仕事があらわれるまで、どこのだれからも出されなかったとは、どう考えてもおかしなことだ

スピンは非常に奇妙なものですが、現実に存在しているのです。

第3章

ゲージ対称性と標準理論

この宇宙は、約138億年前のビッグバンで生まれました。宇宙誕生直後は、「ゲージ対称性」とよばれる対称性に支配され、すべての粒子は質量を持たず、光速で飛び回っていました。それが、ビッグバンの瞬間からおよそ100ピコ秒（100億分の1秒）後に、対称性が破れ、素粒子は質量を持つようになりました。宇宙の膨張とともに、これらの素粒子の速度が十分に遅くなると、クォークが結び付いて陽子や中性子となり、やがて原子核が、そして原子が形作られ、物質となっていきました。

これは、素粒子の標準理論から直接的に得られる宇宙の始まりの描像です。標準理論（標準模型ともよばれます）は、素粒子のふるまいや、素粒子が質量を得る機構を組み込んだ、矛盾のない理論体系として物質の起源に迫ることができます。

2012年、ヒッグス粒子の発見で完成したといわれる標準理論ですが、物質の質量の値の不自然さや、反物質の消滅、暗黒物質の正体など、まだ解決にいたっていないさまざまな謎が残されています。超対称性によってその多くが解決されると期待されていますが、ではどのようにこれらの問題にアプローチしているのでしょうか。まずは標準理論の必然性とその問題点について理解するために、本章では、順を追って標準理論ができあがる過程を説明したいと思います。

前章では、ディラックが作り上げた相対論的量子力学によって、電子のふるまいが記述され、スピンが自然と導き出されることを見てきました。標準理論の構築はここから始まります。相対論的量子力学から、電子と電磁場の相互作用を矛盾なく記述する場の理論、「量子電磁力学」へと発展していきます。そして新たに登場する電磁力以外の２つの相互作用、「強い力」と「弱い力」にも同様に、量子場の考え方を受け継ぎます。「弱い力」は量子電磁力学と統合され、そして「強い力」は「量子色力学」によって記述されるようになります。

このように構築された標準理論では、多種の素粒子がスピンの分類できれいにまとまります。スピン½を持つクォークや電子などのフェルミオンは「物質を構成する素粒子」で、スピン１を持つ光子やグルーオンなどのボソンは「力を媒介する素粒子」です（第１章の図１・８を参照）。また、素粒子の質量の起源となるヒッグス粒子は、スピン０のボソンです。それでは、どのようにしてこの素粒子の模型はできあがっていったのでしょうか。

標準理論の根本にある最も重要な概念は、「ゲージ対称性」です。ゲージ対称性とはなにか、というところから標準理論を見てみましょう。

ゲージ対称性と４つの力

２０１２年７月、スイス・ジュネーブにあるＣＥＲＮ（欧州原子核研究機構）は、大型陽子－陽子コライダーＬＨＣを用いた２つの実験、ＡＴＬＡＳ《アトラス》とＣＭＳがそろって、〝ヒッグス粒子とみられる新粒子〟の発見をしたと発表しました。そして翌年、全データを詳細に解析した両実験グループは、この新粒子のスピンが0であると判明したことなどから、この粒子が間違いなくヒッグス粒子であったと発表しました。

ヒッグス粒子の発見で、標準理論を構成する粒子はすべて姿を表しました（図3・1）。物質を構成する粒子がクォークとレプトンで、スピン½を持つフェルミオンです。力を媒介するゲージ粒子である光子（γ）、W粒子、Z粒子、グルーオン（g）は、スピン1のボソンです。スピン1の状態は通常の角運動量と同じものであって、ローレンツ変換に対してベクトルのふるまいをするので、ベクトルボソンともよばれます。

〝真空〟の状態を変えて、素粒子に質量を与えるヒッグス粒子は、スピン0のボソンです。スピン0の状態はローレンツ変換に対して不変（スカラー）なので、スカラーボソンともよばれます。

この標準理論は、自然界の4つの力（相互作用）のうち、3つを説明する理論です。自然界には、原子核内部やごく近辺のみで働く「強い力」と「弱い力」、そして「電磁力」「重力」の4つが存在しますが、このうち標準理論は強い力、電磁力、弱い力を、「ゲージ原理」で1つの統一的な理論に体系化したものです。

では、ゲージ原理とはなんでしょうか。

第1章で、「ある物理系が連続的対称性を持っているとき、それに対応する保存則が存在する」

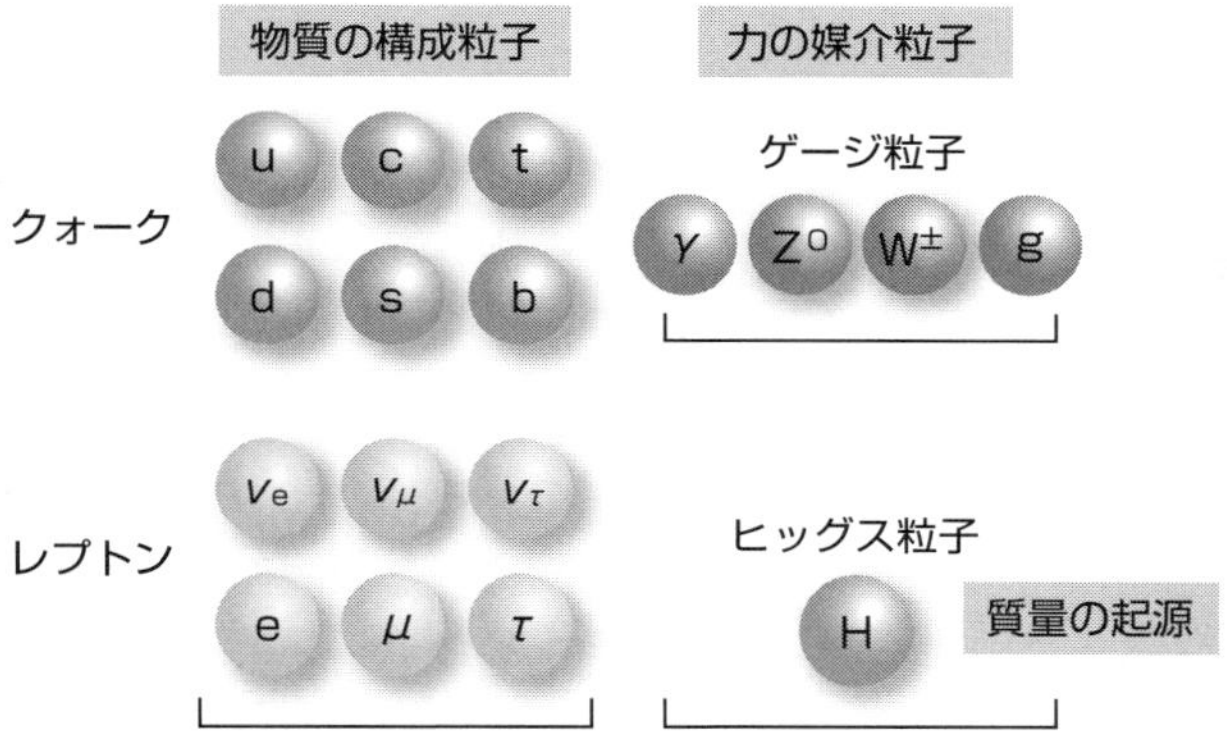

図3.1　素粒子の標準理論
物質を構成する基本粒子、相互作用、質量の起源の３つを説明する。

というネーターの定理についてお話ししました。ある物理系を記述する運動方程式が時間並進対称性（時間を任意にずらしても物理法則が変わらない）を満たしているとき、エネルギー保存則が出てきます。空間並進対称性（空間的位置を任意にずらしても物理法則が変わらない）からは運動量保存則が導かれ、回転対称性（空間回転しても物理法則が変わらない）からは角運動量保存則が導かれます。

　では、電荷の保存則はどのような対称性から導かれるでしょう。電荷の総量が変わらないことは、化学反応から原子核反応や、粒子の生成・消滅が頻繁におきる素粒子反応においても、まったく反例が見つかっていない厳密な法則です。電磁気を記述するマックスウェルの方程式も、電荷が保存するように作られています。では、その源となる対称性は何なのでしょう。

その答えは、電子と電磁場の相互作用を量子化した場の理論、「量子電磁力学」にあります。前章で、電子のふるまいはディラックの相対論的量子力学によって記述できることを見てきましたが、電子と電磁場との相互作用を理解するためには、波である電磁波の「粒子性」を理解しなくてはなりません。電磁場は古典的な場の概念ですが、電子の波動関数と同様に、光子の波動関数を考え、それらを場ととらえて量子化して粒子性を出す理論が、ディラックの理論を基礎にして作り上げられました。それが「場の量子論」（あるいは「量子場の理論」）です。

〝場〟とは、時空の各点で定まる物理量のことで、数学的には単に時空の関数ととらえられるものです。物理量は、スカラーであったり、ベクトルであったり、テンソルであったりするので、それらに応じてそれぞれ、スカラー場、ベクトル場、テンソル場とよばれます。スカラー場は大きさだけを持ち、ベクトル場は大きさに加えて方向も持ちます。前章で見てきたように、電子はスピノル場で、光子はベクトル場で表わされます。

さて、電子の状態は、ディラックの方程式の波動関数で表わされました。この波動関数は複素数の値をとる関数で、その絶対値だけが物理的に観測可能な量となります。一方、波動関数には複素関数としての位相がありますが、これは絶対値に影響しないため観測することができません。つまり、波動関数の位相を任意に取っても、観測される物理量は不変ということになります。この観測にかからない変換（この場合は複素平面上の回転）を、「ゲージ変換」とよびます（複素関数の位相については巻末の解説付録3を参照ください）。

このようにして電磁力はゲージ原理で解明されましたが、他の力はどうでしょう。紆余曲折はありましたが、結果的には、強い力も弱い力もゲージ原理で理解でき、それが素粒子の標準理論の柱のひとつになります。本章では、標準理論が構築される過程についてもお話ししたいと思います。この美しい理論もまた、対称性のたまものであることがお分かりいただけるでしょう。

標準理論には、ゲージ原理のほかにも大きな柱が2本あります。それは「くりこみ可能性」とよばれ、計算の発散を食い止める機構と、「自発的対称性の破れ」とよばれる、粒子が質量を持つ機構です。この2本柱なくしては、標準理論は矛盾のない物理理論にはなりえないとても重要な機構です。

電磁力とくりこみ

電子と電磁場の相互作用を記述する場の理論が、量子電磁力学です。その命名者はディラックです。しかし量子電磁力学は、その誕生時からある問題を抱えていました。それは計算結果が無限大になってしまう、無限大の発散の困難です。現実の世界では、電荷や質量などはなんらかの値として観測されるわけですから、辻褄が合いません。

量子電磁力学の方程式は、ディラック方程式に電子と光子の相互作用の項を付け加えた、単純で美しい形をしています。しかし実際に問題を解こうとすると、簡単にはいかず、「摂動法」とよばれる近似式で解く方法を用いることになります。まず、簡単に解ける最低次の近似計算から始めて、それに第1次近似の項を加えて精度を高め、さらに第2次近似の項を加えて補正する、ということを順々にくり返す手法です。

この摂動法が成り立つためには、高次の補正項が次第に小さくなっていって、全体として収束する必要があります。しかし、量子電磁力学の計算は、最低次では実験値と大まかには一致していますが、理論値の精度を高めようとして高次の計算をすると、計算結果が無限大となる（発散とよばれます）問題が浮き彫りになったのです。

この無限大の困難は、朝永振一郎やファインマンらによって解決されました。互いに独立に作り上げた「くりこみ理論」です。無限大を巧妙に回避するのが、「くりこみ処方」とよばれるやり方です。これについて簡単に説明しましょう。

量子電磁力学の式（あるいはディラック方程式）では、電子の電荷と質量がパラメータ（未知の定数）になっています。これを摂動法で考え、まず仮に決めた電荷と質量を式に入れます。この値を〝裸の電荷〟、〝裸の質量〟とよびます。裸の上に服を着た状態で観測されるのが実際の物理量、ということから付けられた呼び名です。

そして電子の電荷や質量に対して高次補正を計算します。高次補正を足していくと無限大に発散してしまうのですが、とりあえず補正を加えたものが、実際の測定された電荷と質量に等しくなると考え、〝裸の電荷〟＋〝電荷の高次補正〟および〝裸の質量〟＋〝質量の高次補正〟を実測値に置き換えてしまうのです。この操作（くりこみ処方）によって、補正項が持つ無限大は、裸の値が潜在的に持っていたと考えられる負の無限大と相殺して、理論から無限大がすべて消えるのです。

くりこみ処方により求められた、高次補正項の有限部分の値は、実験値とぴたりと一致していました。現在では、最新技術による精密測定と比較して、なんと10億分の１以下の精度で一致をみているのです。量子電磁力学が合理的な理論であることを示した朝永、ファインマン、シュウィンガーの３人は、１９６５年のノーベル物理学賞を分かちました。

日本語の「くりこみ」は朝永の命名です。英語ではrenormalization（再規格化）といいます。無限大を含む量を実測値で置き換えて、再定義するということです。当時この手法は、「ゴミを敷物の下に掃きこむようなもの」といわれ、対症療法にすぎないという疑問がぬぐいきれませんでした。ディラックも、くりこみ理論を数学的に醜いといって認めようとしなかったそうです。

しかし朝永は、くりこみを「放棄の原理」とも表現したそうです。理論で計算できるものとできないものをはっきり分け、計算できないものはあきらめて、できるものを矛盾なく首尾一貫したやり方で取り出そうということです。

方程式を摂動法で解く場合に、くりこみ処方が常に有効というわけではありません。理論の中に現れるすべての発散を、有限個のくりこみで取り除くことができる理論を「くりこみ可能」であるといいます。理論として無限発散しないという「くりこみ可能性」は、理論が満たすべき重要な要素で、この後に続く本書の話の中で何度か顔を出します。

これで量子電磁力学は、矛盾なく構築することができました。しかし、これは電子と電磁場の相互作用が分かったに過ぎません。物質を構成する素粒子を理解するには、原子核の内部を量子的に記述する必要があります。

前世紀初頭から発見された数々の新粒子と、そのふるまいを探るうち、新しい相互作用である核に働く「強い力」と「弱い力」が登場します。そして、その理論体系では、粒子が持つべき質量をうまく生成できないことが明らかになりました。この問題を解決したのが、標準理論の重要な柱のひとつ、「自発的対称性の破れ」、いわゆる「ヒッグス機構」とよばれるしくみです。

ヒッグス機構とは何なのか、なぜ標準理論にとって必要なのか。それを知るために、まずは「強い力」と「弱い力」が登場した経緯からご紹介します。

原子核に働く強い力と弱い力

ゲージ対称性とくりこみを通して、電子と電磁場の相互作用は、量子電磁力学で完全に理解することができました。それは、この宇宙を構成する物質のもととなる原子の中で、電子のふるまいが分かったということです。それでは、原子核のほうはどうなっているのでしょう。原子核が何からできていて、その中を支配する法則は何なのでしょう。

ラザフォードが１９１１年に原子核の存在を発見して以来、１９３２年までには、原子核は、陽子と、中性子とよばれる陽子とよく似た性質を持つ電荷を持たない粒子の2種類の粒子でできていることが明らかになりました。

ハイゼンベルクは、陽子と中性子の間に働く力について、量子力学を使って説明しようとしました。それは、陽子と中性子の間には「交換力」が働くとするものでした。つまり、原子核内では陽子と中性子が互いに入れ替わる過程が絶えずくり返されているという考えです。

ハイゼンベルクは、交換力を記述するために、陽子と中性子は、同一の粒子（「核子」とよばれます）の異なった状態であると考える、「アイソスピン」という概念を導入しました。陽子には上向きのアイソスピン状態を割り当て、中性子には下向きのアイソスピン状態を割り当てるのです

（図3・2）。ハイゼンベルクは、交換力の起源について、化学結合の理論からの類推で、電子が陽子と中性子の間で交換されるとしました。しかし、これでは原子核をしっかりと結び付けるほど強い力は出せなかったのです。

なぜ原子核は陽子や中性子がくっついて安定しているのか、これを説明したのが湯川秀樹による中間子説（1935年）でした。湯川は、核子の間で力を媒介する粒子があると考えたのです。つまり、核子の間でそういう粒子をキャッチボールし合うことが、この引力（核力）の原因であるということです。

この考えに基づいてその粒子の質量を求めると、電子の質量の約270倍と計算されました。これは電子と陽子の質量の中間くらいの値であったので、中間子とよばれました（図3・3）。現在ではこの湯川粒子はパイ中間子（π、パイオン）とよばれています。この粒子は、1947年に宇宙線の中から発見され、電荷が正のもの（π^{+}）と負のもの（π^{-}）と中性のもの（π^{0}）があります。

パイ中間子が発見されたのと同じ年に、やはり宇宙線の中からK中間子とよばれる別種の中間子が見つかりました。そして1960年頃までには、Λ（ラムダ）粒子、Σ（シグマ）粒子、Ξ（グザイ）粒子とよばれる新粒子が発見されました。これらの粒子には、原子核内で核子の間に働く核力と同じような強い力が働き、陽子や中性子と一緒にまとめて「ハドロン」とよばれます。

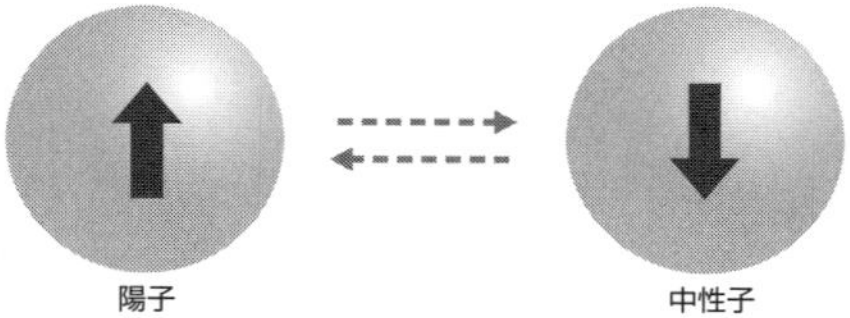

図3.2　ハイゼンベルクが考えた陽子と中性子
核子のアイソスピンが上向きの状態が陽子（p）で、下向きの状態が中性子（n）。交換力は、陽子と中性子が入れ替わることで生じる。

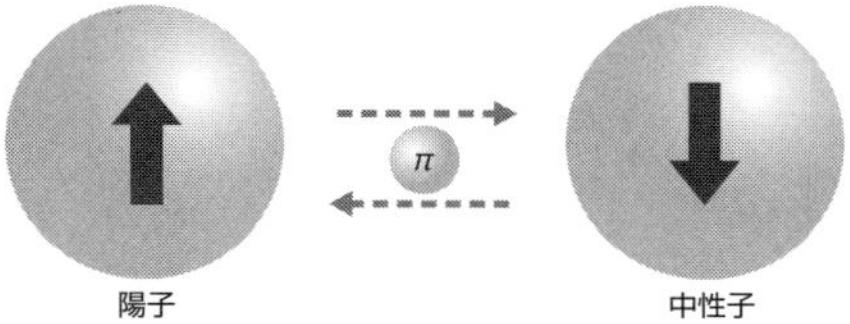

図3.3　交換力の源は、パイ中間子が交換されることで生じる

ハドロンは、陽子や中性子と同じ性質を持つ「バリオン」（Λ粒子、Σ粒子、Ξ粒子）と、パイ中間子と同じ性質を持つ「メソン」に分けられます。また、ハドロン間に働くこのような核力のような力のことを「強い力」、あるいは「強い相互作用」とよびます。

ハドロンには、核子（陽子と中性子）のように、電荷のみ異なり、他の性質は非常によく似たものがあります。それらには、核子と同様にアイソスピンの値を割り当てることができます。たとえば、核子のアイソスピンの大きさは$\frac{1}{2}$で、陽子のアイソスピンがプラス$\frac{1}{2}$、中性子のアイソスピンがマイナス$\frac{1}{2}$として、同じ粒子の違った状態と考えるのです。パイ中間子のアイソスピンの大きさは1で、π^{+}、π^{0}、π^{-}のアイソスピンがそれぞれプラス

1、0、マイナス1というぐあいです。

また、ハドロンの中には、崩壊のしかたで異常なふるまいをするものもあり、この種のハドロンは「ストレンジネス（奇妙さ）」を持つとされました。K中間子やΛ粒子、Σ粒子、Ξ粒子は皆、ストレンジネスを持つ粒子です。

アイソスピンとストレンジネスをもとに、当時見つかっていたすべてのハドロンの分類を見事に行ったのが、ゲルマンらによるクォークモデル（1964年）でした。たった3つのクォーク、u、d、sの組み合わせですべてのハドロンが説明できるのです。

このモデルでは、クォークはスピン$\frac{1}{2}$のフェルミオンで、分数電荷を持つとされました。アップクォーク（u）はプラス$\frac{2}{3}$の、ダウンクォーク（d）とストレンジクォーク（s）はマイナス$\frac{1}{3}$の電荷を持ち、ストレンジクォークはストレンジネスを持っているとすると、バリオンがクォーク3個の組み合わせで、またメソンはクォークと反クォークの組み合わせでうまく説明できるのです。たとえば、陽子はuud、中性子はuddの組み合わせからなり、π^+は$u\bar{d}$というようにです（粒子記号の上の横棒は、その粒子の反粒子を表わしています）。

これがクォークモデルの誕生です。このモデルにより予言された新粒子もまた次々と見つかりました。

このように、核を構成しているクォークの概念と強い相互作用が明らかになりましたが、核内にはもうひとつ相互作用が潜んでいました。それは核の崩壊を引き起こす「弱い力」または「弱い相互作用」とよばれるものです。

ウランなどの物質からは、３種類の放射線（α線、β線、γ線）が出ています。このうちβ線が出てくる原子核の「ベータ崩壊」は、原子核中の中性子が電子を放出して、陽子に変わる現象です。ところが、α線やγ線は一定のエネルギーを持って原子核から飛び出してくるのですが、β線だけは連続的なエネルギー分布を示しています。

発見当初、ベータ崩壊ではエネルギー保存則が破れているとする説もありましたが、スイスの物理学者パウリは、観測にかからない非常に軽い中性の粒子がβ線（電子）とともに出ているとする仮定を提案しました。のちにエンリコ・フェルミによって「ニュートリノ」と命名された新粒子です。フェルミは、この仮定に基づいて、ベータ崩壊の理論を構築しました（図３・４(a)）。角運動量も保存するようにするため、ニュートリノはスピン½を持つとされました。

原子核を崩壊させる力が「弱い相互作用」とよばれるようになったのは、原子核を結合させる強い力よりも非常に弱いものであったからです。ニュートリノが非常に検出しにくいのは、電気的に中性で電磁力は働かず、弱い力しか働かないためです。

弱い力の源についても、強い力の類推で、なんらかの粒子の交換によるものとされました。「W粒子」と名付けられたこの粒子は、電荷を持っていると考えられました。中性子が陽子に変わるときに放出されるW粒子は、負の電荷を持っていなければならないからです（図3・4(b)）。放出されたW粒子はただちに電子と反ニュートリノに壊れます（ベータ崩壊には、電子の代わりに、その反粒子である陽電子が飛び出していくものも見つかっています。これは原子核中の陽子が正電荷を持つW粒子を放出して、中性子に変わる現象であると考えられます）。

また、W粒子は非常に大きな質量を持っていると想定されました。これは、「弱い力」が非常に弱いことを説明するためです。媒介粒子が重いと、力の到達距離が短くなり、その結果、相互作用が起こりにくくなり、力が弱いように見えるということなのです。

もともとのベータ崩壊では、図3・4(a)のように、中性子（n）、陽子（p）、電子（e^-）、ニュートリノ（$\bar{\nu}_e$）の4つのフェルミオンが1点で直接相互作用すると考えられていました。一方、ここで説明したクォークモデルで考えると、ベータ崩壊は図3・4(c)のように、中性子の中のダウンクォーク（d）がアップクォーク（u）に変わる現象として理解されます。電荷マイナス$1/3$のダウンクォークがW^-粒子を放出して、電荷プラス$2/3$のアップクォークになると考えることができます。

この媒介粒子の考え方の正しさはのちの実験を通して確かめられますが、ここでは、他の相互作用には見られない、弱い相互作用のある驚くべき特性を紹介しましょう。それは、弱い力はスピンの状態が左巻きの状態のフェルミオンにのみ作用し、右巻きの状態にはまったく作用しない

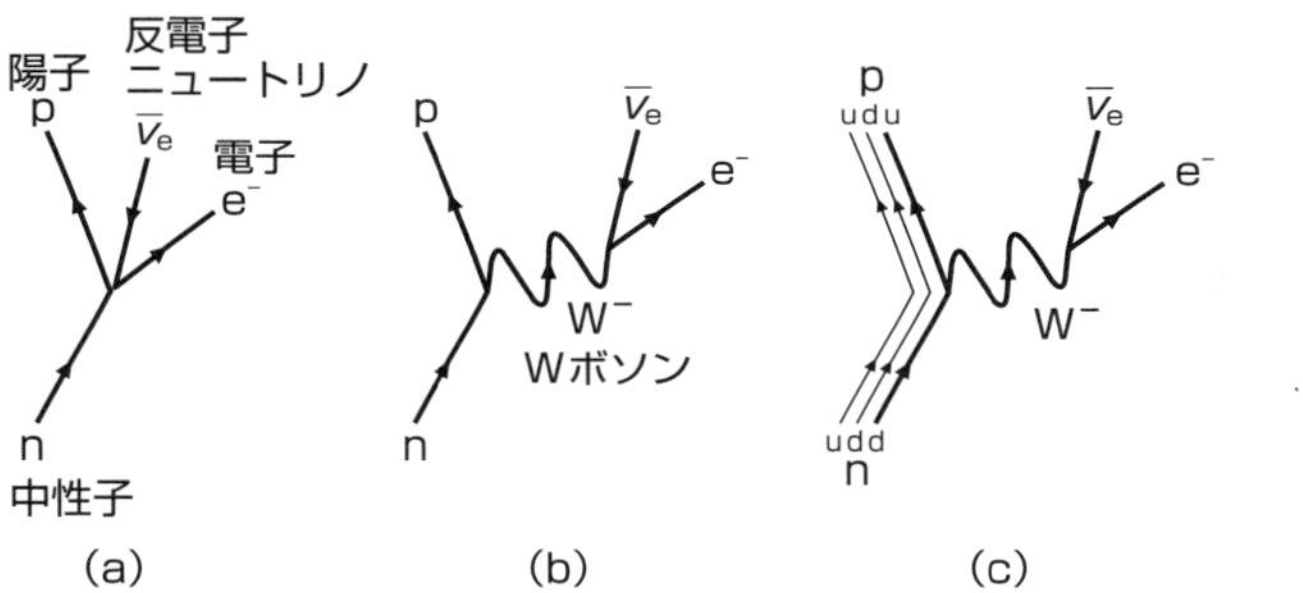

図 3.4　中性子のベータ崩壊を説明する理論

(a) フェルミの理論では、中性子 (n)、陽子 (p)、電子 (e^-)、反電子ニュートリノ ($\overline{\nu}_e$) が一点で相互作用するとした。
(b) W粒子が媒介する理論。
(c) W粒子が相互作用するのはクォークであるとする理論。これらのファインマン図で、$\overline{\nu}_e$の矢印が逆向きに付いているのは、反粒子なので、時間に逆行することを表わしている。

ということです。したがって、弱い相互作用しかしないニュートリノには、左巻きのものしか存在しません。つまり、自然界は、本質的に右と左を区別しているのです。

この左右を区別する弱い相互作用の性質は「カイラルである（対掌性を持つ）」といい、後の節でフェルミオンの質量の由来を理解するためにも重要な概念になりますので憶えておいてください。

１９６２年には、電子ニュートリノ以外の別種のニュートリノの存在が示されました。宇宙線の中で、電子とよく似たミューオン（μ）とよばれる粒子が発見され、その後の研究で、ミューオンがベータ崩壊する（電子とニュートリノに壊れる）ことや、ミューオンとよく似た性質を持つニュートリノ（ミュー

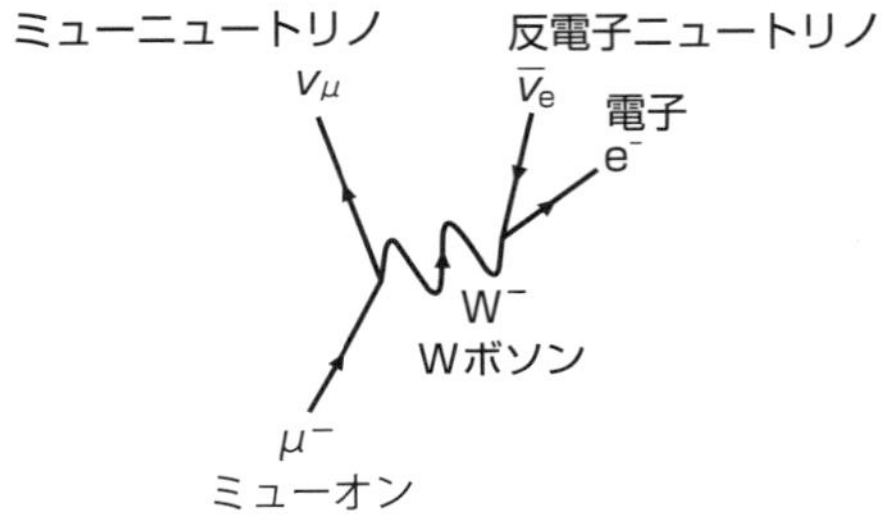

図3.5　ミューオンのベータ崩壊

ニュートリノとよばれ、ν_μと表わされる）が存在し、それは電子ニュートリノとは別のものであることが分かったのです。ミューオンのベータ崩壊が中性子のベータ崩壊と同じ相互作用によるものであることも明らかになりました（図3・5）。

電子、ミューオン、電子ニュートリノ、そしてミューニュートリノは、軽い粒子を意味する「レプトン」と総称されています。レプトンには強い力が働きません。強い力はクォークにのみ働きます。電磁力は、電荷を持つレプトン（電子とミューオン）とクォークに働き、弱い力はレプトンにもクォークにも働きます。

このように、クォークを結びつける強い相互作用と、粒子の崩壊を引き起こす弱い相互作用が見つかり、それまでに発見されていた新粒子のすべてを「クォーク族」「レプトン族」で説明し、力を媒介するゲージ粒子も含めたモデルが提示されました。

ここからいよいよ、標準理論とその大きな柱のひとつである「ヒッグス機構」がいかにして生まれたかをお話ししましょう。その前に少しだけ、これからの話を理解するために欠かせない「群論」

について触れておきます。

群論と対称性

第2章では、複素2次元空間内での回転としてのスピンを見てきました。地球の自転のような古典的なスピンとは異なる、より抽象的な概念を記述するために、大変有用な数学的ツールが群論です。電子のスピンを表わす回転も、群のひとつとして表現することができます。群論は量子力学をはじめとするさまざまな現代科学の分野で大変重要な役割を担っており、本章で解説する標準理論も例外ではありません。本書の内容を群で理解することで、よりその理論体系の美しさが分かるようになります。

群論は「群」を研究する数学ですが、では群は何かというと、数字などの数学的な「要素」と、その間に働く「+」や「×」などといった「演算子」を持ち合わせた集合のことです。群にはさまざまな種類がありますが、最もわかりやすい例を挙げると、「整数」（……、−2、−1、0、1、2、3、……）があります。演算子は足し算の「+」として考えてみましょう。

ただし、要素と演算子を持っていればすべてが群になれるというわけではなく、いくつかルールがあります。整数の例でいうと、0のように、どの要素に作用してもその要素の値を変えない

「単位元」があること（例：0＋3＝3）、どの要素にも、「単位元」に戻すような対となる要素が存在すること（例：3＋（−3）＝0）、どの2つの要素どうしを作用させて出てきた値も、集合内の要素のひとつであること（例：3＋2＝5で5も整数のひとつ）、また、3つの要素のうち、1つ目に2つ目を作用させた結果を3つ目に作用させた場合と、2つ目を3つ目に作用させた結果に1つ目を作用させる場合は同じ結果にならなければなりません（例：（1＋2）＋3＝1＋（2＋3）＝6）。

このように考えると、奇数と演算子「＋」の組み合わせは群ではないことが分かりますね。奇数に奇数を加えると偶数、つまり要素にはない値となるからです。

さて、ここでもう少し抽象的な群を考えてみましょう。正三角形の対称性の群です（図3・6）。正三角形の形を変えないような回転はいくつあるでしょうか。

正三角形は、120度回転しても同じ形をしています。時計回りに120度回転させる変換を「r」とよぶことにしましょう。240度回転させても同様です。これはrを2回作用させた変換と同じですのでr^2です。360度回転させると元に戻るので、これは回転させない単位元と同じです（単位元を「e」とよびます）。

また、正三角形は裏返しても同じ形をしています。裏返す操作を「f」とよぶことにしましょう。2回裏返せば元に戻るので、f^2はeと同じです。また、裏返して回転させることもできます。

このように考えると、正三角形の対称性は、｛e、r、r^2、f、rf、r^2f｝の6つの要素を持つ群

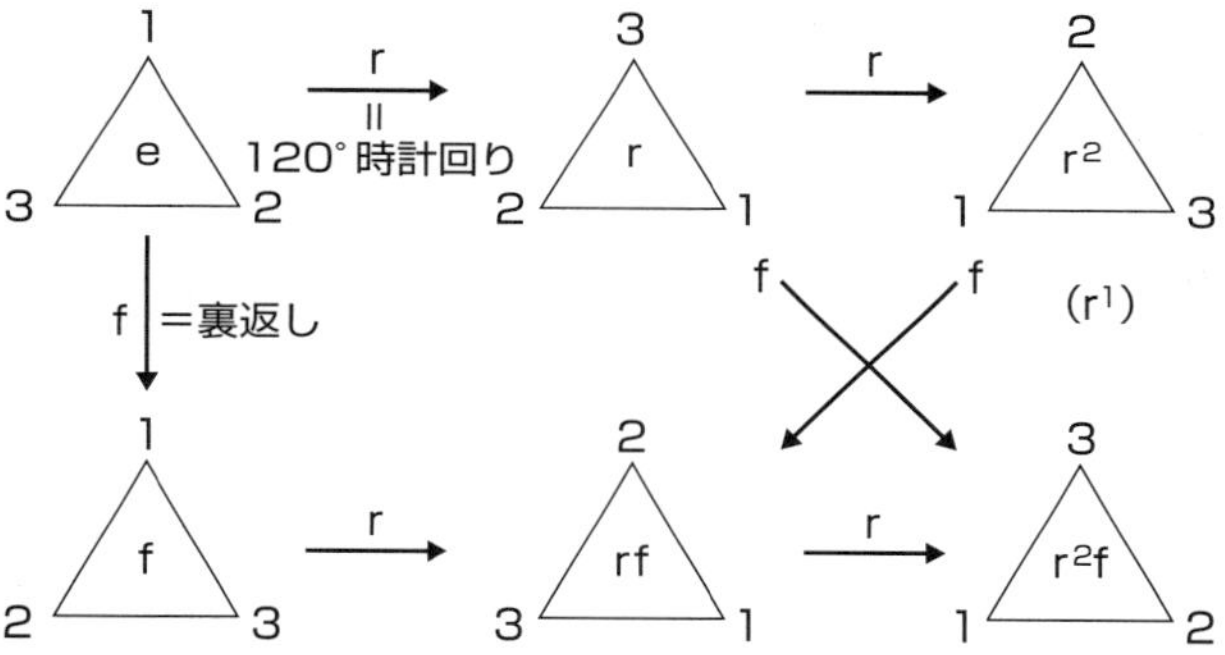

図 3.6　正三角形の対称性の群

を成すことが分かります。無限の要素数を持つ整数の場合とは異なり、正三角形の対称性の群の要素数は有限ですね。また、回転してから裏返す操作（fr）と、裏返してから回転する操作（rf）とでは、異なった結果がえられます。試してみてください。

このように、操作の順番を選ぶ群を「非可換群」とよび、標準理論など量子的な理論を構築するうえでとても重要な役割を果たします。

本書に登場する群は、「行列」とよばれる複数の行と列を持った値を要素として持つ群で、一般的には非可換です。とくに標準理論では「ユニタリ群U（n）」とよばれる群を扱います。ユニタリ（unitary）とは大きさが1という意味で、その頭文字をとって「U」で表わし、括弧内の数字は要素である行列が持つ次元を表わしています。

最も単純なケースである、1次のユニタリ群「U（1）」を見てみましょう。これは、大きさが1の複素数、つまり

図3・7の円上の点の集合で、U（1）群の要素は角度θのみで表わすことができます。大きさは変えずに、ある角度だけを回転させる操作の集合といえます（U（1）は、回転の順番を変えても結果に影響しないので、可換群です）。

2つの成分を持つ値（たとえば電子のスピン）を変換させるには、2×2の行列が必要ですし、3つの成分を持つ値を変換させるには、3×3の行列が必要です。n次ユニタリ群「U（n）」は、複素n次元空間内で大きさを変えないで回転するn×nの行列の集合です。

標準理論では、U（n）群の中でも、「S」という文字を頭につけ加えた「SU（n）」とよばれる「特殊ユニタリ群」を扱います（Sは特殊（Special）から）。「特殊」とは、n次元空間上にある一辺の長さが1の仮想的な立方体が、回転後も体積を1に保つような変換を意味しています。そしてSU（n）群の自由度、つまり任意に設定できるパラメータの数は、n^2-1個になります。SU（2）では3つ、そしてSU（3）では8つです。

U（1）、SU（2）、そしてSU（3）は、標準理論の中でそれぞれ、電磁相互作用、弱い相互作用、強い相互作用の理論構築に欠かせない群です。このあと詳しく説明していきますが、概要だけ先に述べると、強い相互作用は赤色、青色、緑色という3つの「カラー荷」を受け渡しする相互作用で、3成分あるためSU（3）で変換されます。弱い相互作用では、2種類のフェルミオンのペア（たとえばダウンクォークとアップクォーク）の間の相互作用を考えるため、「弱ア

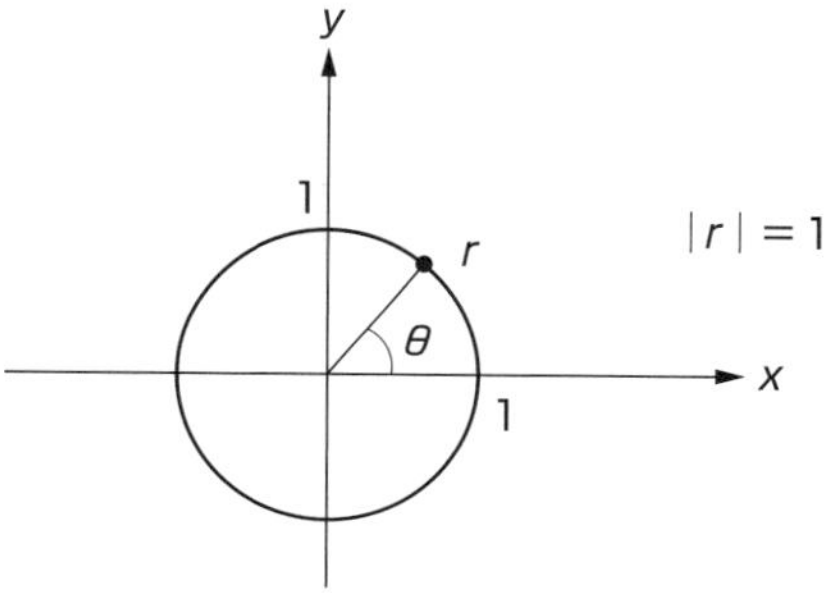

図3.7　U(1)群と複素平面上の単位円

イソスピン」とよばれる2成分の変換、SU（2）を考えます。一方、電磁相互作用に必要な光子は、弱アイソスピンもカラー荷も持たず、U（1）変換がうまく機能するのです。

また、次章の超対称性で紹介しますが、強い力、弱い力、電磁気力の3つの力を統一する大統一理論を議論する場合も、標準理論の示すSU（3）×SU（2）×U（1）を含んでいることが条件となります。拡張された群のうち、最小の群としてはSU（5）があり、またSU（5）を含むSO（10）など、さまざまな大統一理論が提示されています。

電弱統一と対称性の破れ

この章の前半で、強い相互作用をするハドロンの分類で大変な威力を発揮したアイソスピンを紹介しました。強い相互作用におけるアイソスピンと同様に、弱い相互作用についても「弱アイソスピン」を考えることができます。たとえば、電子と電子ニュートリノはじつは同じ粒子であって、それぞれ弱アイソスピン空間の下向きスピンと上向きスピンの状態に対応し、弱アイソスピン空間内の回転で互いに移り変われるとするのです。

2種類のフェルミオンのペア（たとえばダウンクォークとアップクォーク）の間の相互作用を考えるため、群論では「弱アイソスピン」とよばれる2成分を変換する「SU（2）」を考えます。これにゲージ原理を適用する考えが生まれました。その結果、弱アイソスピンのゲージ理論からは、力を媒介するベクトルボソンが3つ出てきました。

弱い力を媒介するゲージ粒子は重く、対して光子は質量がゼロ、という不釣り合いを改善するため、対称性を拡大し、弱い力のSU（2）ゲージ場と電磁気のU（1）ゲージ場を結合することが考案されました（1961年）。この拡大された対称性は、「SU（2）×U（1）」というふうに積の形に書かれます。この理論からは、光子に加えて、弱い力を媒介する3つのゲージ粒子（W^+とW^-とZ^0）が出てきます。

このように、電磁力と弱い力を統一的に理解する電弱統一理論の基礎が築かれましたが、弱い力のSU（2）ゲージ粒子の質量を上手く説明することができませんでした。単に質量を表わす項を方程式に書き加えただけでは、無限大の困難が生じ、くりこみ可能な理論にはできなかったのです。

これを解決したのが、「自発的対称性の破れ」の考えを用いた、ロバート・ブラウトとフランソワ・アングレール、ピーター・ヒッグスによる、いわゆるヒッグス機構です（１９６４年）。提唱者３人の名前の頭文字を取ってＢＥＨ機構ともよばれます。

自発的対称性の破れとは、ある対称性を持った系が、エネルギー的に安定な真空に落ち着くことでその対称性が破れる現象のことです。この現象は素粒子理論以前にも発見されており、超伝導はまさにこの現象で説明されることが知られていました。南部陽一郎はこの概念を初めて素粒子物理に応用し、対称性が破れるときには必ず質量０でスピンが０の粒子が現れることを示しました。

ヒッグス機構は、このスピンが０の粒子が現れるかわりに、その自由度をもともと質量０であったゲージ粒子の質量に転換できるというものです。このゲージ粒子に質量を与える機構を用いて電弱統一理論を完成させたのは、スティーブン・ワインバーグとアブドゥス・サラムでした（１９６７年）。

この理論は、電子と電子ニュートリノの対（あるいはミューオンとミューニュートリノの対でもよい）の運動方程式が、「局所的ＳＵ（２）×Ｕ（１）ゲージ対称性」を満たしているとするところを出発点とします。この段階では、ＳＵ（２）の３つのゲージ粒子とＵ（１）の１つのゲージ粒子は、みな質量０です。

そこに「ヒッグス場」を導入します。SU（2）×U（1）のゲージ対称性とゲージ粒子の数を考慮して、ヒッグス場には4つの成分を持たせるようにします。このヒッグス場によってゲージ対称性を破るというのが、この理論の核心なのですが、そのやり方は次のようなものです。

ヒッグス場のポテンシャル（エネルギーの状態を表わす）は、図3・8のようなワインボトルの底のような形をしているとします。真ん中の山のてっぺんの位置にある場合は、どの方向を向いても同じ形をしていますので、対称性のある状態であるといえます。

しかし、この位置は「安定」な状態ではありません。より安定な、エネルギーが最も低い状態であるボトルの底の円周上（ここが〝真空〟です）に落ち着くと、全体的に見て対称性はくずれてしまうことが分かります。横軸が場の値だとすると、山のてっぺんが0の場合、ボトルの底に落ち着いた時、場は0でない値をとることが分かります。これが自発的な対称性の破れです。

このようにヒッグス場を想定し、ヒッグス機構を働かせると、ヒッグス場の4つの成分のうち3つがSU（2）の3つのゲージ粒子の質量となり、ヒッグス場の余った成分がヒッグス粒子として残ることになります。そして、もともとあったSU（2）×U（1）ゲージ対称性が破れて、電磁力のU（1）ゲージ対称性だけが残ります。つまり、SU（2）の3つのゲージ粒子が質量を得て、光子の質量のみが0であることを表わしているのです。

このように、ヒッグス機構はもともと弱い相互作用のゲージ粒子の質量を説明するために導入

図3.8　ヒッグス場のポテンシャル

されましたが、その後、フェルミオンの質量起源も説明できるようになりました。これは後の節で重要になりますので、そのしくみを解説したいと思います。

質量の起源

弱い相互作用が、左右を区別する「カイラル」であることは、先で見てきました。左巻きしか存在しないニュートリノ以外のフェルミオンは、右巻きと左巻きのスピン成分が混合した状態と考えることができます。このフェルミオンの右巻きスピン成分と左巻きスピン成分が独立を保つ場合、カイラル対称性があるといえます。

電弱統一理論は、ゲージ対称性が自発的に破れる前は、カイラル対称性も満たしています。このときフェルミオンはまだ質量を持っていません。それが、ヒッグス場の〝真空〟の状態が変わり、自発的対称性の破れが起こることで、カイラ

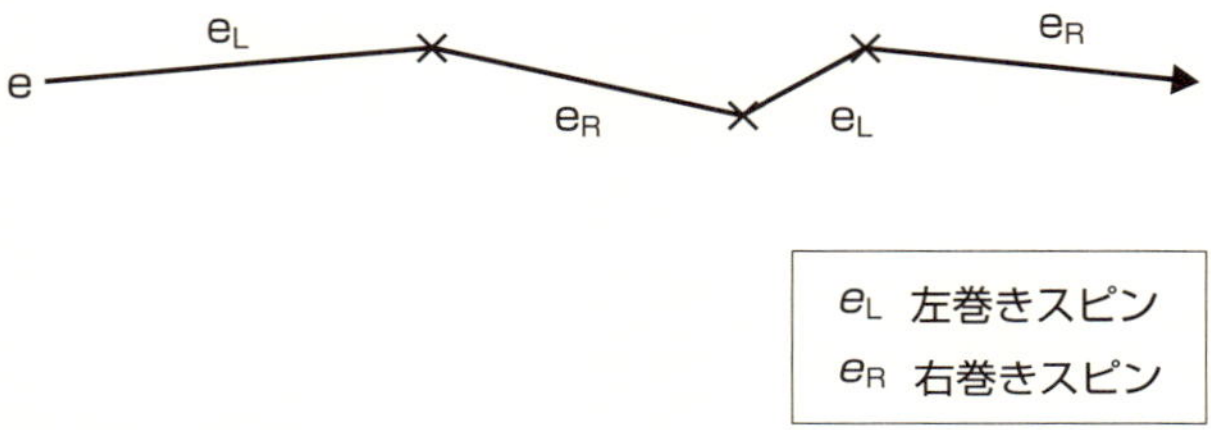

図3.9　質量の起源
フェルミオン（図では電子e）は、ヒッグス場と相互作用するたびに、スピン状態が転移する。これがフェルミオンの質量の起源だ。

ル対称性が破れ、その結果、フェルミオンは質量を持つようになりました。

　これを電子の質量で説明すると図3・9のようになります。電子（e）は、スピン状態が左巻き（e_L）の仮想的な電子と、右巻き（e_R）の仮想的な電子の混合状態であると考えられます。左巻き電子には弱い相互作用が働くので、いわゆる「弱電荷」を持ちますが、右巻きは弱い相互作用が働かないため持ちません。

　さて、電子がヒッグス場と相互作用すると、スピン状態が左巻きから右巻きへ、あるいは右巻きから左巻きへと転移します。これは、電子が飛行中にヒッグス場と相互作用するたびに起こります。

　しかしこの過程は、弱電荷がなくなったりできたりする弱電荷が非保存の過程ですので、カイラル対称性が破れていなければ許されないはずです。このような過程が起こるようになったのは、ヒッグス機構によりカイラル対称性が破れたためです。

このスピンの状態の転移が、電子の動き（加速度）に対する抵抗力となり、光速より遅くなります。これこそ電子の（慣性）質量なのです。

このようにしてできあがった電弱統一理論は、簡潔で美しい数式をしています。１９７１年にはオランダの物理学者トホーフトによって、質量を持つゲージ場に対してくりこみ可能性が証明され、一貫した理論として認められたのです。

しかし、ワインバーグ－サラム理論が完成された当初には、まだ解決されない疑問点が残っていました。第一に、弱い相互作用を媒介する３つの粒子のうちのひとつ、Z^0ボソンがまだ見つかっていませんでした。第二には、クォークの数と理論とでは整合性がとれていないという問題がありました。電弱理論はクォークにも適用されますが、当時はまだｕ、ｄ、ｓの３種類のクォークしか考えられておらず、２つの粒子をペアで扱うＳＵ（２）対称性とは相入れないものでした。

この問題を解決するため、新たにチャームクォーク（ｃ）を理論的に導入する機構が登場しました。レプトンでは電荷を持つ粒子とニュートリノが対をなすように、クォークもｕとｄ、ｃとｓが対をなすと扱うことで、ＳＵ（２）対称性との矛盾をなくしたというわけです。

これらの問題も、やがて新しい素粒子が発見されることで解決されていくのですが、これについては後の実験的検証の節で述べたいと思います。

強い力は3つの色から

電磁力と弱い力についてはゲージ原理で統一的に説明できましたが、それでは残る最後の相互作用、「強い力」はどうでしょうか。強い力の謎を解明する研究は、「量子色力学」として発展しますが、ここに至る過程についてご紹介しましょう。

ハドロンの分類で大活躍したアイソスピンの概念ですが、強い相互作用のアイソスピンとゲージ理論は、正しい組み合わせではありませんでした。また、クォークモデルはハドロンのパターンを見事に説明しましたが、クォークそのものは、分数電荷を持つという問題もあり、実在の粒子とは考えられていませんでした。

ところが、1969年にSLAC（米国のスタンフォード線形加速器センター）で行った実験で、陽子が点状の粒子からなっていることが明らかになったのです。彼らは、高エネルギーに加速した電子を陽子にぶつけて、そこから大角度で散乱される電子を検出する深非弾性散乱実験を行いました。「深非弾性」散乱とは、加速された電子のエネルギーのほとんどが、標的粒子（陽子）を壊すことに使われる過程のことで、効率よく陽子内部の構造を調べることができます。陽子を構成する点状の粒子はパートンと名付けられました。

この実験以降、クォークは概念的な粒子ではなく、この点状の粒子として実在する素粒子であるとみなす考えも出てきましたが、クォークモデルには、分数電荷の他にも、スピンにまつわる大きな問題が残っていました。それは、ある種のハドロン（強い相互作用が働く複合粒子）の存在が、パウリの排他原理と矛盾するというものでした。そのハドロンは、たとえばスピン$3/2$のバリオンであるΔ^{++}（デルタプラスプラス）やΩ^{-}（オメガマイナス）などです。

クォークモデルでは、Δ^{++}はｕｕｕの組み合わせで、Ω^{-}はｓｓｓの組み合わせで作られているとされます。クォークはスピン$1/2$を持っているので、３つのクォークのスピンは、すべて同じ向きを向いていなければ、Δ^{++}やΩ^{-}のスピン$3/2$を構成することはできません。つまり、３つのクォークはスピンがプラス$1/2$（マイナス$1/2$ではなく）で、互いにまったく同じ状態になっているはずです。しかし、クォークはフェルミオンであるので、これはフェルミオンが満たすべきパウリの排他原理（フェルミオン粒子は他のフェルミオン粒子と同じ量子状態をとることができないという原理）と矛盾しているのです。

これらのクォークモデルの持つ理論的困難は、新たな量子状態である「カラー（色）」の概念を導入することによって解決できることが、南部らによって提案されました。そして、１９７３年にはゲルマンらによって明確に確立されました。これは光の３原色との類推で、クォークには赤、青、緑の３種類あるとするものです。もちろんクォークが実際に色を持っているわけでなく、「カラー荷」とよばれる内部自由度を持つと仮定したわけです。そして、これらのカラー荷が組み合わさって〝白色〟になる場合のみ、粒子として実際に観測可能であるとするのです。

たとえばΔ^{++}はu_R、u_B、u_G（R、B、Gの添え字は、それぞれ赤、青、緑のカラー荷を持つものとする）の組み合わせとすると、ちょうど光の3原色を合わせると白色（無色）になるように、Δ^{++}も〝白色〟になります。このように考えると、スピンが同じでも、カラー荷が違うため同じ状態にはならず、パウリの排他原理を満たしているということです。

メソンも見てみると、クォークと反クォークで構成されるので、カラー荷と反カラー荷の組み合わせとなり、これも〝白色〟になります。

カラー荷は、電荷のように、厳密に保存する量です。しかし目に見える粒子は、カラー荷のない〝白色〟の状態なので、カラーを直接見ることはできません。したがって、カラーはゲージ対称性の一種と考えることができます。カラーは3つの自由度を持つことから、SU（3）対称性に基づくクォークのゲージ理論を作ることができます。これが量子色力学です。

量子色力学の力の媒介粒子は、「グルーオン」とよばれます。SU（3）群の自由度は8ありますので、グルーオンは8種類存在するはずです。どれもカラー荷を持っているので、クォーク同様、直接観測にかかることはありません。量子色力学のくりこみ可能性は電弱理論同様に、1971年にトホーフトによって証明されました。

グルーオンの質量は、光子と同じく0です。弱い相互作用の場合は、力の媒介粒子が重いため到達距離が短くなりますが、強い相互作用は異なる機構を持ちます。

ハドロンにエネルギーを打ち込み、中のクォークどうしを引き剝がしたとしましょう。強い力はどうなるでしょうか。電磁力の場合、距離とともにその大きさは減衰しますが、強い力は距離にかかわらず一定の値を保ちます。したがって、引き剝がすために必要なエネルギーはクォークどうしの距離とともに増大し、やがて新たにクォーク・反クォークのペアを真空から作り出すことができるエネルギーになります。生成されたクォーク・反クォークのペアは、引き剝がされたクォークとカラー荷の総和が白色となるように結びつき、新たなハドロンのペアとなるのです。

これは「クォークの閉じ込め」とよばれ、このため、グルーオンは無限大まで到達することができず、核の外には働かなくなるのです（図3・10）。

さらに量子色力学には「漸近的自由性」といわれる性質があることが発見されました。これは、クォーク同士が近づくにつれて、その間に働く力は弱くなり、無限小の距離では力はまったく働かなくなってしまうというものです。つまり、核の中の粒子は、力に束縛されることなく自由に動き回っていると考えられるのです。

これらの理論的発見により、量子色力学が強い相互作用を記述する理論として広く信じられるようになりました。量子色力学は現在の素粒子の標準理論の一角をなすものとなっています。

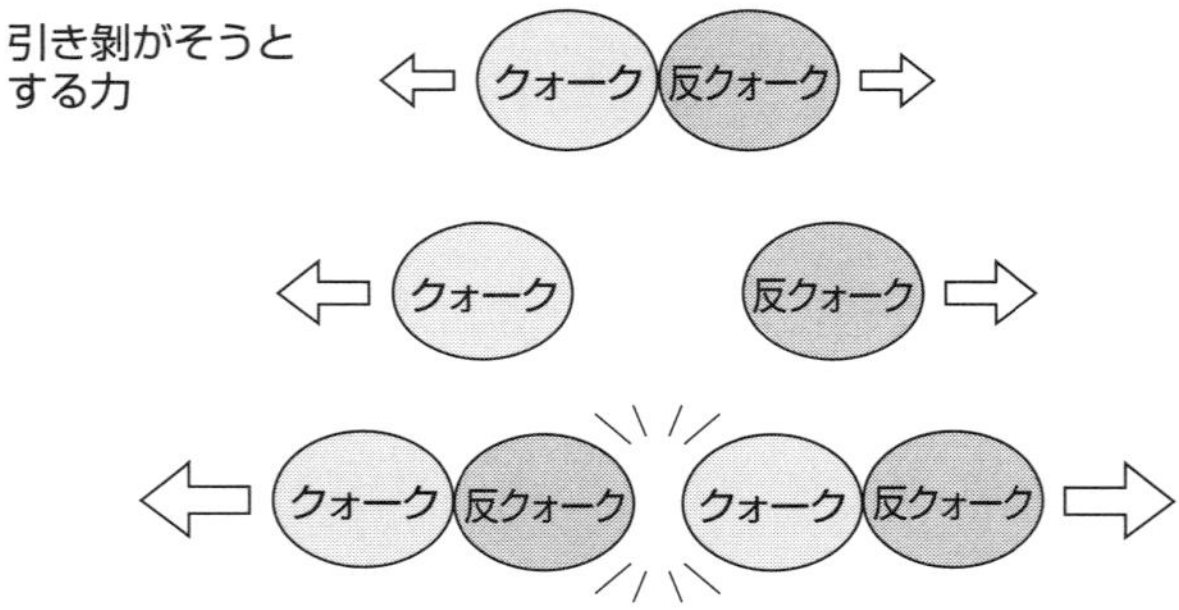

図3.10 クォークの閉じ込め

このように、1973年までに素粒子の標準理論は理論的には完成を見せました。それは、SU（3）×SU（2）×U（1）ゲージ対称性に基づく、3つの力を記述する美しい理論で、弱い力のゲージ粒子やフェルミオンの質量を説明する機構を内蔵しています。そしてこの理論は、くりこみ可能性も満たしているのです。

そして、これ以降に次々と出てくる実験的検証により、標準理論はその理論的にも洗練された美しい姿があらわになっていくのです。前節の最後で述べた、クォークとレプトンの数が合わないという問題が解決され、理論が実験によっていかに検証されていったか、理解いただけることでしょう。ここからは、代表的な実験的検証の例をいくつかご紹介したいと思います。

第3世代とヒッグス粒子

標準理論の実験的検証のさきがけは、弱い力を媒介するゲージ粒子のひとつであるZ粒子の発見でした。Z粒子の存在を確認するためには、ミューニュートリノが電子あるいは核子に弾き飛ばされる「中性カレント反応」とよばれる過程（図３・11）を探します。これは、１９７３年にCERN研究所のガーガメル泡箱実験によって発見されました。泡箱とは、荷電粒子の飛跡を捉える検出器です。この実験に続いて、多くのニュートリノビーム実験が行われましたが、すべてワインバーグ‐サラム理論とよく合う結果が得られています。

これで、ワインバーグ‐サラム理論が完成された当初には解決されていなかった第一の問題「弱い相互作用を媒介する３つの粒子のうちのひとつ、Z^0ボソンがまだ見つかっていない」が解決しました。

では第二の問題はどうでしょうか。u、d、sの３種類のクォークのみでは、SU（２）の理論と相入れないというものでした。対称性を満たすためにその存在を予言されたチャームクォークでしたが、その発見は、クォークが概念的な産物ではなく実在するものとして認知されるきっかけになった、素粒子物理にとって革命的なできごととなりました。このため、チャームクォー

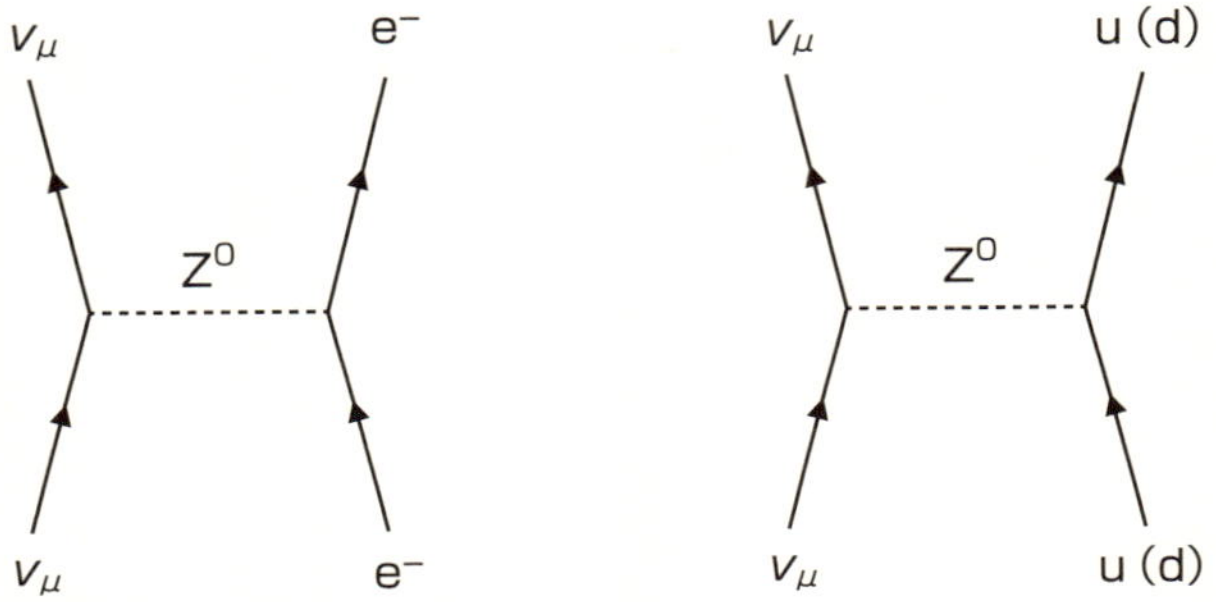

図3.11　中性カレント事象のファインマン図
左図はニュートリノと電子の中性カレント反応で、右図はニュートリノと核子中のクォーク（uあるいはd）との中性カレント反応を表わしている。

クの発見は、〃11月革命〃とよばれています。

〃11月革命〃は、１９７４年11月、米国ブルックヘブン国立研究所（ＢＮＬ）から始まりました。ＢＮＬの陽子シンクロトロンからのビームを固定標的に当てて、そこから出てくる電子‐陽電子対を観測していた実験グループは、３・１ギガ電子ボルト（ＧｅＶ）付近に狭い〃共鳴状態〃を発見したのです。ここで、ギガ電子ボルトとはエネルギーの単位で、以降、ＧｅＶと表記することにします（「ジェブ」と読みます）。１ＧｅＶは10億ｅＶ（電子ボルト）で、１ｅＶはだいたい可視光のエネルギーに相当します。

ほぼ同時期に、米国西海岸にあるＳＬＡＣの電子‐陽電子衝突装置ＳＰＥＡＲでも、電子‐陽電子衝突エネルギーを変化させて、いろいろな反応の断面積（反応の起こりやすさ）を測定する実験を行っていました。彼らも３・１ＧｅＶ付近に鋭いピークを観測したのです。

両グループは、11月にそれぞれ同じ論文誌に新粒子発見の発表をしました。ＢＮＬグループはこの粒子をＪと名付け、ＳＬＡＣグループはψ（ギリシャ文字でプサイと読む）と名付け、両者がゆずらなかったため、Ｊ／ψとよばれることになりました。

Ｊ／ψはチャームクォークと反チャームクォークから構成されるメソンと考えられました。この発見に続いて、チャームクォークと反チャームクォークからなるいくつかの励起状態や、チャームクォークと他のクォークからなる各種のチャーム粒子も相次いで発見され、チャームクォークの存在が確定しました。

このように、チャームクォークの発見により、ワインバーグ－サラムの理論はクォークにも適用できることが明らかになったのです。〝11月革命〟以降は、標準理論の正しさが実験的に確認される歴史であったといえるでしょう。

１９７０年代から１９８０年代初めにかけて、ニュートリノビームを用いた中性カレントの実験などから、電弱理論のパラメータ（理論が含む未知定数）の値が決定され、Ｗ粒子とＺ粒子の質量が高い精度で予測されるようになりました。その値は、Ｗ粒子が約83ＧｅＶ、Ｚ粒子が約94ＧｅＶと、陽子の質量（約1ＧｅＶ）の１００倍近くもあったのです（質量とエネルギーは等価なので、粒子の質量はエネルギーの単位で表わされます）。

このように重い粒子を生成するには、非常に高いエネルギーを出せる加速器が必要です。それを実現したのが、CERNの陽子－反陽子コライダー（衝突型加速器）SppSでした。この加速器は540GeVの衝突エネルギーを生み出すことができるので、W粒子やZ粒子を生成するには十分なものでした。

1983年、SppSを用いた2つの実験（UA1とUA2）は、W粒子とZ粒子の発見を発表しました。図3・12は、UA1がとらえたW粒子生成事象候補の一例です。W粒子は生成された後、ただちに崩壊し、この事象例では電子とニュートリノになったと考えられます。図の右下の矢印の示す線が、電子の残した飛跡です。

ニュートリノは検出器に飛跡を残さず通り抜けるので、〝消失エネルギー〟として情報が得られます。図の電子以外のすべての飛跡は、陽子－反陽子衝突で生じた、W粒子とは無関係の粒子なので、これらをすべて測定し、陽子と反陽子のビームエネルギーから〝引き算〟することで〝消失エネルギー〟を求めることができます。電子の情報と消失エネルギーの情報から、W粒子の質量を割り出すことができるのです。

こうして得られたW粒子とZ粒子の質量は、電弱理論の予測と数パーセントの精度で一致するものでした。これは、ワインバーグ－サラムのSU（2）×U（1）電弱理論が基本的に正しかったという動かぬ証拠であるといえます。すなわち、ヒッグス場との相互作用が、弱い力の媒介

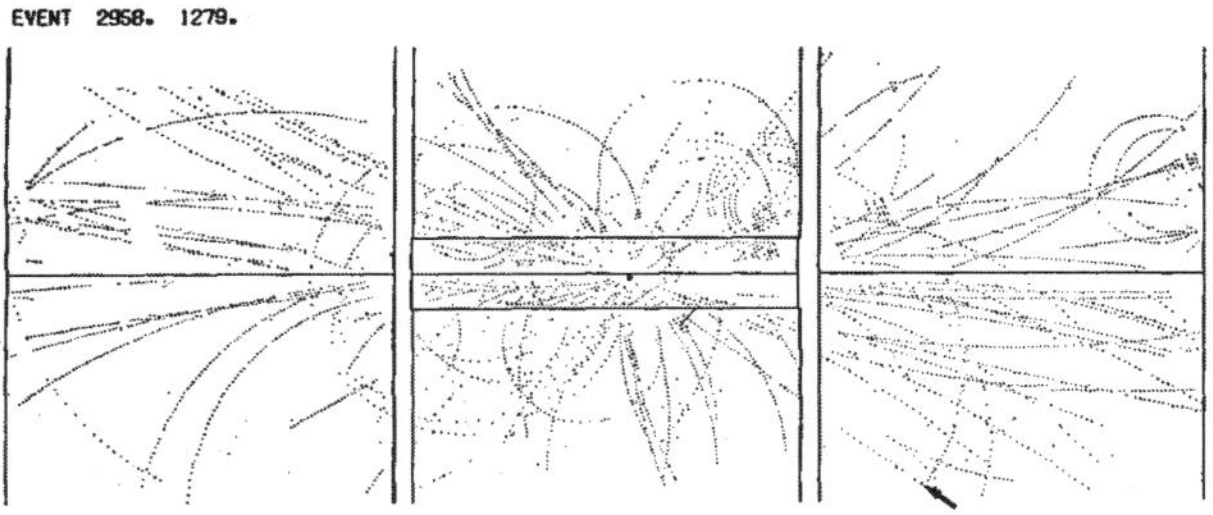

図3.12　UA1実験が発見したW粒子生成事象候補の一例
Physics Letters 122B（1983）103より転載。

粒子に質量を与える役割を担っているということです。そして、ヒッグス場が存在するのならば、ヒッグス粒子も存在するはずです。

当然、次の素粒子物理の目標は、ヒッグス粒子の発見に向けられましたが、実際に発見されたのは、それから約30年も後のことでした。その理由のひとつは、ヒッグス粒子の質量値について、理論では予測できなかったためです。ヒッグス場は、ゲージ場に質量を持たせるために、理論に手で加えられたものなので、質量値は未知数であって、実験で決めなくてはならないのです。質量値を入れてやれば、あとは理論ですべて計算できますが、質量値が分からなければ、どこを探してよいか、加速器のエネルギーをどれくらい高くしなければいけないのか、分からないのです。

Sp$\bar{p}$Sに続いて、CERNで建設され、1989年に運転開始したのが、電子－陽電子コライダーLEPです。この加速器は、約100メートルの地下に掘られた1周約27キロメートルのリング状のトンネル内に建設されました。

ＬＥＰの衝突エネルギーは１００ＧｅＶでした。これはＳp̄pＳよりも低いのですが、陽子（反陽子）とは異なり、電子（陽電子）はクォークのように大きさを持たない〝点状〟粒子です。電子－陽電子の衝突エネルギーは、すべて素粒子反応に使われるので、無駄なく、きれいな実験ができるのです。

ＬＥＰの主な目的は、標準理論の精密検証とヒッグス粒子探索、それから標準理論を超える現象の探索でした。ＬＥＰは、まずＺ粒子を大量に生成し、その性質を高精度で測定しました。

それらの結果のひとつが、素粒子の世代数の決定でした。標準理論には当初、「アノマリー」あるいは量子異常とよばれる問題がありました。それはワインバーグ－サラムの電弱理論が、ある場合にくりこみ可能でなくなってしまうというものでした。これを解決したのが、レプトンとクォークをセットにして考えるという方法で、そのセットを「世代」とよびます。

ＬＥＰの実験が始まるまでに、レプトンとクォークには、少なくとも３世代あることが知られていました。しかし、この世代がどこまで続くかは、理論的にも実験的にも分かっていませんでした。それがＬＥＰの実験で大量に生成されたＺ粒子の崩壊過程を詳しく調べることで、レプトンを構成するニュートリノの種類は３つしかないことが分かったのです。したがって、世代も３つしかないことになります。しかし、では「なぜ３世代なのか」という疑問は残っており、これに対する理論的な答えは、まだありません。

ＬＥＰは１９９５年から徐々に衝突エネルギーを増強してゆき、最終的には２０９ＧｅＶにまで高め、２０００年まで運転を行いました。そこではW^+W^-粒子対生成を通しての電弱理論の詳細検証などが行われました。ＬＥＰの全運転期間を通して、ヒッグス粒子の探索も行われましたが、発見はできず、その質量値は１１４ＧｅＶ以下でないことが示されました。

ＬＥＰによって見つかったヒッグス粒子探索の手がかりは、それだけではありませんでした。ＬＥＰでは、大量に生成されたＺ粒子やＷ粒子の詳細研究を通し、電弱理論の高次効果を検証することが可能でした。電弱過程の高次の項には、ヒッグス粒子が一瞬の間だけ姿を現すことがあります（図３・13）。その効果は、電弱理論で正確に計算でき、ヒッグス粒子の質量に依存しています。したがって、電弱過程に関する精密測定と比較すれば、ヒッグス粒子の質量に制限を付けられることになるのです。

これと同様な高次効果を利用する手法は、トップクォーク（ｔ）に対しても行われていて、ＬＥＰでのＺ粒子の崩壊過程の高次効果から間接的に求められたトップクォークの質量は、実際に発見されたものとよい一致を示したのです。これは電弱理論が高次でも正しいことを示す最初の例となりました。

直接測定された正確なトップクォーク質量と、ＬＥＰなどで行われた電弱過程の精密測定の結

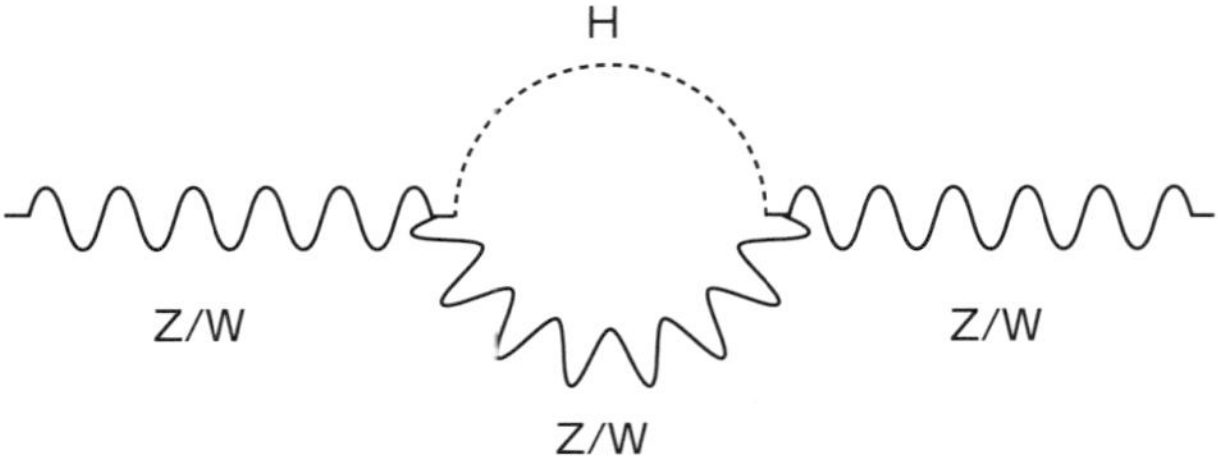

図3.13　電弱理論の高次効果の例
反応の中間状態で、一瞬だけヒッグス粒子（H）が姿を現すことがある。

果を、電弱理論の計算に入れて求めたヒッグス粒子の質量は、158GeVより小さいというものでした。すなわち、ヒッグス粒子の質量は114GeVから158GeVの間という狭い領域にしぼられたのです。

LHCの登場

ヒッグス粒子を確実に発見し、標準理論を超える現象をできるだけ広いエネルギー領域で探索することを目的としてCERNが建設したのが、大型陽子‐陽子コライダーLHCです。

LHCでは、LEP用に作られたトンネルを再利用し、その中でできるだけ高いエネルギーを達成するため、これまでの加速器では使われたことのない高磁場を出せる超伝導マグネットが開発されました。その結果、最大運転磁場強度8・33テスラを出せる超伝導二重極マグネットが製作され、L

写真3.1　LHCの超伝導二重極マグネット（CERN提供）

ＨＣは衝突エネルギー14テラ電子ボルト（ＴｅＶ）を生み出す加速器となったのです（ＴｅＶは、１兆ｅＶです。「テブ」と読みます。１ＴｅＶは１ＧｅＶの１０００倍です）。ＬＨＣは、１９９４年の建設の正式決定から数え、14年の歳月をかけて、２００８年９月に完成しました（写真３・１）。

しかし、ＬＨＣは運転開始直後、超伝導マグネットに事故が発生し、その修理と対策に１年以上かかることになってしまいました。しかも衝突エネルギー14ＴｅＶを達成するには、さらに長い修理期間が必要でした。そこで、衝突エネルギーを半分に落とした運転を２０１０年３月に開始したのです。ＬＨＣは、２０１０年と２０１１年は衝突エネルギー７ＴｅＶで、２０１２年は８ＴｅＶに上げて運転を行いました。

２０１２年７月、ＬＨＣを用いた２つの実験（プロジェクト名ＡＴＬＡＳとＣＭＳ）はそろって、〝ヒッグス粒子とみられる新粒子〟の発見を発表しました（図３・14と図３・15）。高エネルギーの陽子‐陽子衝突で生じた多くの粒子の中の２

つの光子の組み合わせで作られる質量分布と、4つのレプトン（電子あるいはミューオン）の組み合わせで作られる質量分布に、これまでに見つかっていた標準理論のどの粒子とも異なる、新しいピークがはっきりと見られたのです。しかも、どちらの質量ピークの値も、125GeVを示していたのです。

これは、質量125GeVを持つ同一の粒子が、2つの光子にも崩壊し、2つのZ粒子への崩壊を通して4つのレプトンにも崩壊すると解釈できます。それらの崩壊率も標準理論の予測とよい一致を示していました。つまり、この新粒子はヒッグス粒子と考えても矛盾のないものだったのです。

翌2013年、全データを詳細に解析した両実験は、この新粒子の性質についての結果を発表しました。スピンが0であると判明したことなどから、この粒子がヒッグス粒子であると確定したのです。この年のノーベル物理学賞は、アングレールとヒッグスに与えられました（ブラウトは惜しくも2011年に亡くなりました）。

ヒッグス粒子の発見で、標準理論を構成する粒子はすべて姿を現しました。2012年の〝7月革命〟は、標準理論でただひとつ残されていた粒子が発見されたということだけではありません。ヒッグス粒子は、物質を構成するフェルミオンや力を媒介するゲージ粒子とは異なる種類のものであり、自然界で見つかっている唯一のスピン0粒子なのです。そして、それは標準理論を

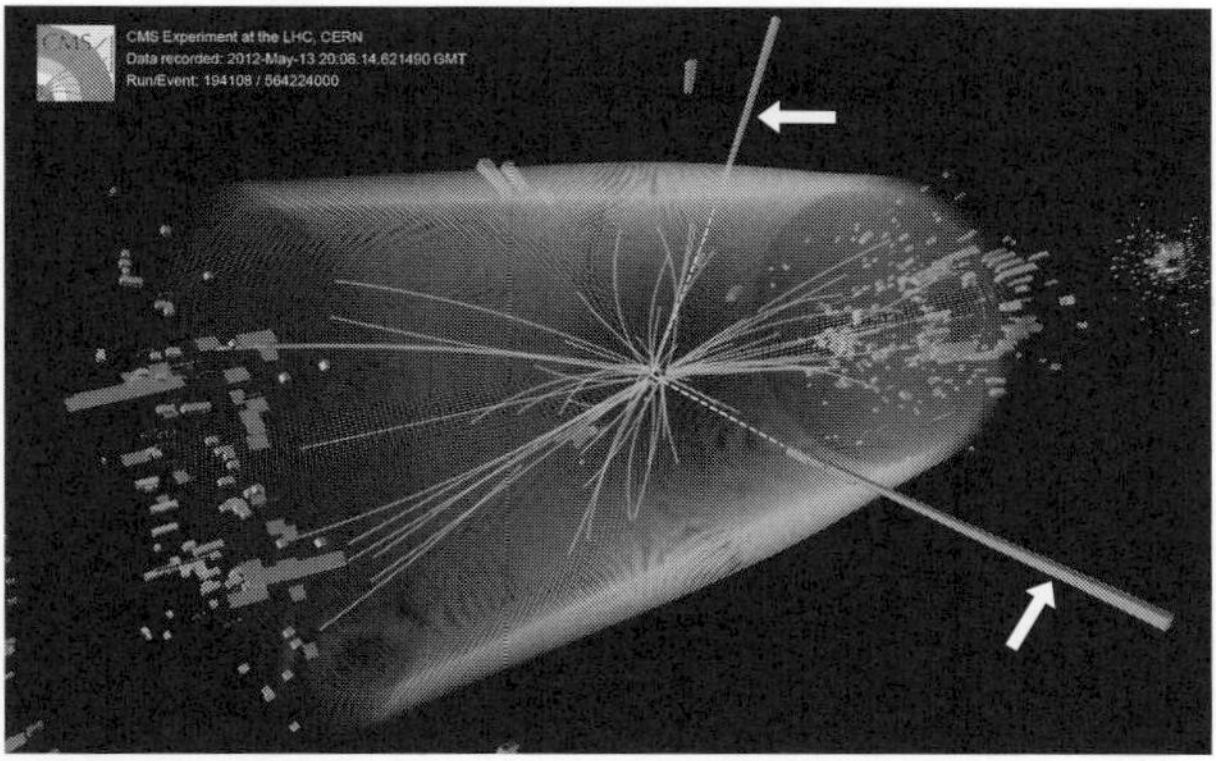

図3.14　ヒッグス粒子が２つの光子に崩壊した候補事象（CMS実験提供）
矢印で示した線が光子。

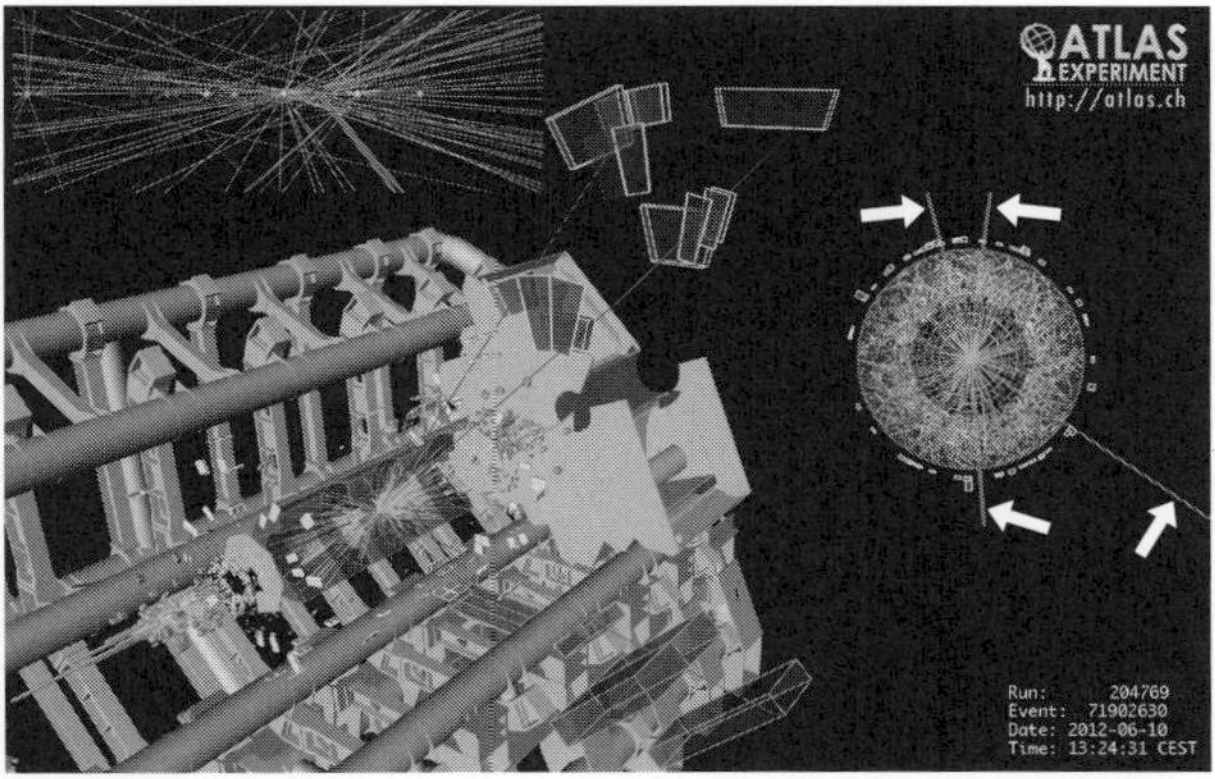

図3.15　ヒッグス粒子が４つのミューオンに崩壊した候補事象（ATLAS実験提供）
ミューオンは矢印で示した線。

超える新しい物理への窓口ともなっていることを、これからご紹介しましょう。〝7月革命〟は、素粒子物理の新たな始まりであるといえます。

標準理論が抱える問題

これまで、電磁力、弱い相互作用、強い相互作用の理論の量子化を通して、標準理論が完成される過程と、実験による検証を見てきました。ヒッグス粒子の発見で、素粒子の理論は完結したように見えます。実験で検証された数百ＧｅＶまでのエネルギースケールでは、標準理論が３つの力の現象を正しく記述していることが明らかになりました。

しかし、この自然界には標準理論で説明できないことが、まだたくさん残されています。たとえば、４つ目の力、重力について、量子力学的にはまったく解明できていません。その他にも、この宇宙にはなぜ物質しかないのか（標準理論の範疇では、物質と反物質は同じ量あるはずなのです）、この宇宙に存在するとされる暗黒物質や暗黒エネルギーの実体は何なのか、などなどです。これらはみな標準理論を超える新しい物理を必要とします。

重力を量子化した理論（量子重力理論）について考えてみましょう。一般相対性理論と量子論の統合にはさまざまな困難がともないますが、量子重力理論が必要となるエネルギーの大きさは、じつははっきりしています。それは、「プランクエネルギー」とよばれるエネルギースケールで、１・２×10^{19}ＧｅＶという非常に大きなスケールになります。

プランクエネルギー値に対応する空間の量子的ゆらぎの大きさは「プランク長さ」とよばれ、１・６×10^{-33}センチメートルです。プランク長さは、プランクエネルギーの大きさの質量を持つブラックホールの大きさ、と考えることができます。つまり、プランクエネルギーは、現在の物理理論の限界を示す値ということができます。

標準理論が、数百ＧｅＶを超えて、どのエネルギースケールまで自然を正しく記述しているかは、今後の素粒子物理研究の大きな課題です。では、標準理論自体には問題がないのかというと、理論的に不満足な点がいくつかあげられます。なかでも最大の謎は、ヒッグス粒子の質量にまつわるものです。

端的にいえば、それはスケールの違いです。プランクエネルギーのスケール（約10^{19}ＧｅＶ）と電弱統一エネルギーのスケール（約１００ＧｅＶ）では、17桁も異なっています。なぜこのように大きく離れたスケールが存在しているのでしょうか。この問題は「階層性問題」とよばれていますが、標準理論を含み、重力も説明する究極の理論は、このエネルギースケールの違いを説明するものでなくてはなりません。ヒッグス粒子の質量でこの階層性問題を見てみましょう。

ヒッグス粒子の質量が１２５ＧｅＶと実験的に求められたので、標準理論に未知のパラメータはなくなりました。標準理論の過程は、すべて計算できるようになったのです。しかし、計算精度を上げるため、高次補正項を計算するときには、理論の適用限界のエネルギーが必要になります

たとえばヒッグス粒子の質量の高次補正項のひとつに、図3・16のような過程があります。これは、ヒッグス粒子が、一瞬だけトップクォーク対になり、また元に戻るという過程ですが、これを計算すると、ヒッグス粒子質量の補正項は理論の適用限界のエネルギーと同程度にまで膨らんでしまいます。そしてこれを打ち消すような項は他にはないのです。

これを解決するには、電弱理論で説明したくりこみ処方を持ち出せばよいように思われますが、ヒッグス粒子質量の場合には問題があります。ヒッグス粒子質量については、実験によってその値が分かっていますが、なぜその値なのかは標準理論の範囲内では説明できません。理論の適用限界のエネルギーより高いエネルギースケールの理論（それが重力を含むようなものならプランクスケールにあたります）では、それができるはずです。つまり、裸のヒッグス粒子質量に補正項を加えた値を、新たにヒッグス粒子の質量として定義しなおせばよいのです。

しかし現在の理論体系では、裸のヒッグス粒子質量も、補正項も、理論の適用限界のエネルギースケールという膨大な値をとることになってしまいます。つまり、10^{19}ＧｅＶという、とても大きな数からとても大きな数を引き算した結果、１２５ＧｅＶという17桁も小さな値を得るという、

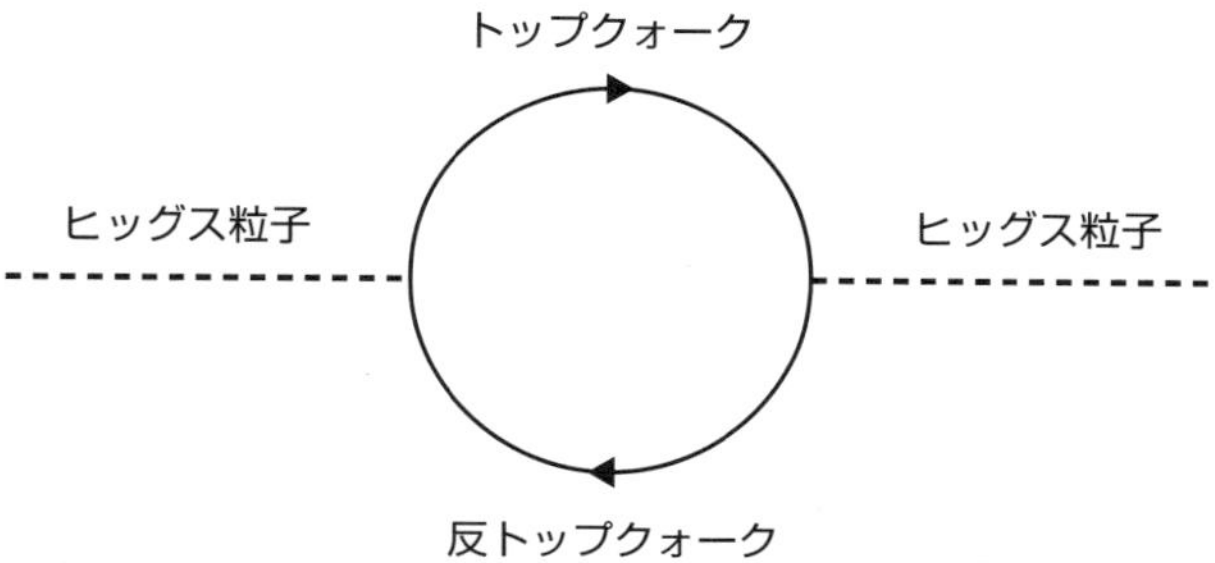

図3.16　ヒッグス粒子質量の高次補正

非常に不自然な調整が必要になっています。これは「ファインチューニング問題」あるいは「自然さの問題」とよばれています。

この問題は、ヒッグス粒子の質量にだけ顔を出し、標準理論の他の量には現れません。それには理由があるのです。たとえば、ゲージ粒子（光子、W粒子、Z粒子、グルーオン）の質量の高次補正の計算をしてみます。すると、見かけ上ヒッグス粒子と同じように急激に発散する項が出るのですが、「ゲージ対称性」によって、この項が消えてしまうのです。その結果、くりこみによって処理できるのです。

フェルミオンの質量についても同様で、この場合の発散は、ゲージ対称性ではなく、「カイラル対称性」によって守られています。先に電弱理論について触れたとき、フェルミオンは、カイラル対称性が破れることで質量を持つことを見てきました。そのフェルミオンの質量に対して、高次補正の計算をしてみます。すると、やはり急激に発散する項が出るのですが、「カイラル対称性」によって、この項は消えてしまいます。その結果、これもくりこみによって処理できるのです。

ヒッグス粒子の質量の補正に対し、その急激な発散を和らげるしくみは標準理論の中にはありません。その「不自然さ」を解消する手立ては、標準理論の外に求めるしかありません。

その質量は何によって決まっているのでしょう。

第4章

超対称性とは何か

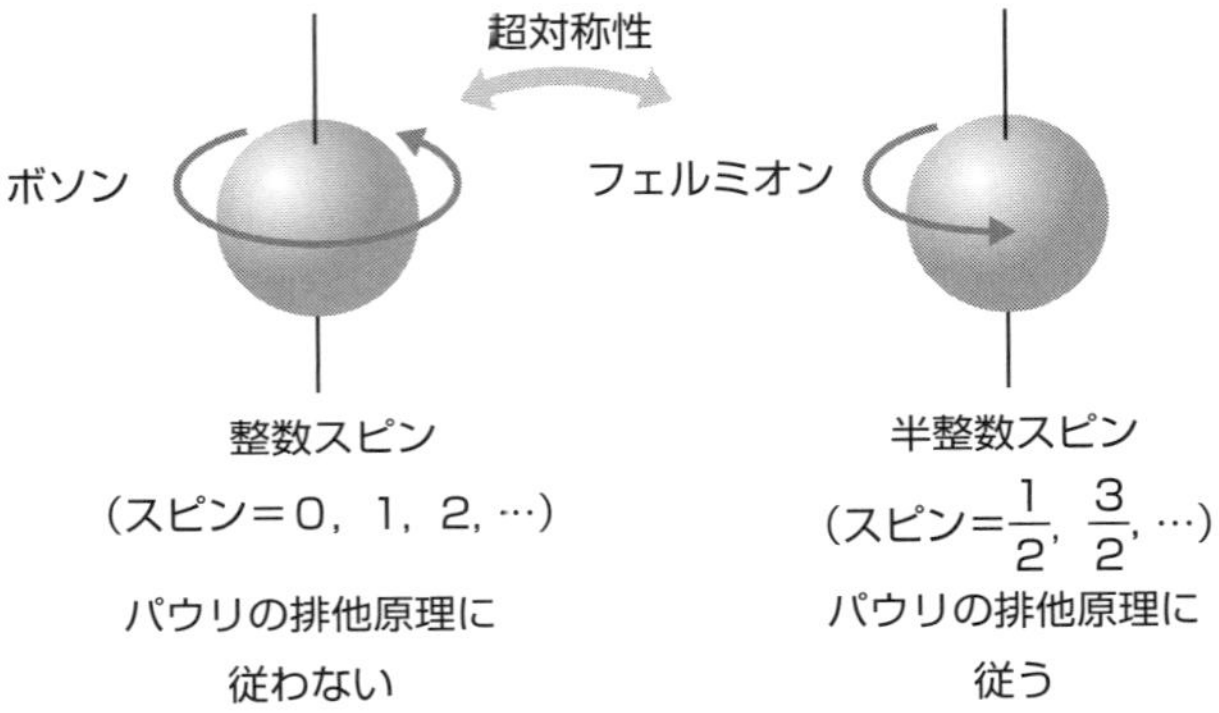

図 4.1 ボソンとフェルミオンの間の超対称性

ここまでの長い道のり、お疲れ様でした。最初からちゃんと読んで理解してくださった人、素晴らしいです。素粒子の標準理論のことがおおむね分かってしまえば、超対称性という考え方の必然性、その目的が一段と深く理解できるはずです。

超対称性は、まだ実験的には確かめられていません。しかしそれは非常に美しい理論です。そして、ただ美しいだけではなく、現実的な問題も解決し、かつ究極の理論にとって重要な一要素となる可能性を秘めたものなのです。

「超対称性」とは、ボソンとフェルミオンをまとめて一組とし、それらの間の対称性を議論する考えです。英語ではスーパーシンメトリー（Supersymmetry）、略してSUSY（スージー）ともよばれます。超対称性について、これまでに説明したことをまとめると、図4・1のようになります。

標準理論では、ボソンは力を媒介する素粒子で整数のスピンを持ち、フェルミオンは物質を構成する素粒子で半整数のスピンを持ちます。ボソンとフェルミオンは互いにまったく異なる性質を持っていますが、これらをひとまとめにする考えがどのようにして生まれてきたかを、歴史を追って見てゆくことにしましょう。

異なるスピンをひとまとめに――超対称性前史

陽子や中性子と同様、強い力が作用する複合粒子をハドロンとよびます。1960年代前半までに数多く見つかったハドロンが、クォークモデルで説明されていった経過については、前章で述べました。一方、同じ頃、別の研究者たちによって、すべてのハドロンを包括的に統合するSU（6）モデルというものも提唱されていました。

第3章で、ハドロンの分類が「アイソスピン」と「ストレンジネス」でできるという話をしました。これは群論の言葉でいうと、SU（3）という群です。スピン0やスピン1のメソン、それからスピン½やスピン3/2のバリオンのそれぞれがSU（3）対称性により、見事にまとめられます。

第2章で登場したパウリのスピンは、群論の言葉でいうとSU（2）です。SU（6）モデルは、アイソスピン－ストレンジネスのSU（3）とスピンのSU（2）とを組み合わせたものでした。

SU（6）モデルは、スピン0とスピン1のメソン（中間子）をまとめて1つのグループとし、またスピン½とスピン3/2のバリオンを別のグループにまとめました。1966年、宮沢弘成は、さらにメソンのグループとバリオンのグループをひとまとめにできないかと考えました。そのためには、「交換関係」と「反交換関係」が混在する「超代数」が必要でした。

交換関係とは、第2章でも触れましたが、2つの演算の順番を変えたとき結果がどうなるかということでしたね。つまりxにpを掛けても、pにxを掛けても値が変わらない、$xp-px=0$が成り立つかどうかというのが交換関係です。

数学的にいえば、交換関係とは、交換子$[A, B]=AB-BA$を規定する関係のことです。反交換関係は、交換子を反交換子$\{A, B\}=AB+BA$で置き換えたものです。

粒子の生成や消滅を扱うことができる場の量子論では、交換関係、反交換関係を場の演算子で記述します。ボソンの場の演算子は交換関係に従い、フェルミオンは反交換関係に従います。パウリの排他原理は、この反交換関係から導かれるのです。

交換関係だけ（あるいは反交換関係だけ）がある代数は、よく知られていました。しかし、交換関係と反交換関係が混ざった代数の存在は知られていませんでした。そこで新たに考案されたのが超代数だったのです。しかし、超代数は数学的には興味深いものでしたが、現実との対応がつかないため、すぐにその意義が認められることはありませんでした。

１９６７年、シドニー・コールマンとジェフリー・マンデュラは、いわゆる「不可能定理」を証明しました。この定理は、確率の保存や相対論的不変性などといった、理論が当然満たすべき基本的仮定だけから、理論の持てる対称性が「ポアンカレ対称性」と「内部対称性」だけに限られてしまうというものでした。ポアンカレ対称性とは、時空の平行移動、空間の回転、ローレンツ変換に対する不変性のことです。これに対し、内部対称性はアイソスピンやストレンジネスなどのように時空には関係しない対称性です。この不可能定理によって、時空の対称性と無関係な対称性（すなわち内部対称性）だけが可能で、時空の対称性と絡むような対称性は不可能ということになったのです。

つまり、ＳＵ（６）モデルのように、スピン（時空の対称性）とアイソスピン（内部対称性）が絡んだ対称性は、相対論的量子力学では許されないということです。こうしてＳＵ（６）モデルは棄却されましたが、宮沢の先駆的な仕事（超代数）が、今日超対称性とよばれるものに生まれ変わるまで、しばらく紆余曲折があったのです。

超対称性の誕生

場の量子論では、粒子は大きさを持たない0次元の点として扱いますが、粒子を1次元の長さを持った弦（ひも）として扱う弦理論が、１９７０年に登場しました。南部陽一郎やレオナルド・サスキンドらによって提唱されたこの理論は、ハドロンを振動する弦であるとし、粒子はその振動モードに対応するものとしました。

南部らの弦理論は、ボソンのみを記述していて、フェルミオンは扱えないという問題がありました。その後、別の研究者たちによって、メソンに加えバリオンもあわせて記述できる弦理論が作られ、さらにこの理論の中にボソンとフェルミオンの交換に対する対称性、すなわち「超対称性」が存在することが見出されました。

しかし、ハドロンの弦理論はさまざまな欠陥を含んでおり、実験と矛盾する結果も多くありました。ハドロンがクォークモデルによって上手く説明され、強い相互作用が量子色力学によって記述されることが明らかになってからは、弦理論は、ごくわずかな研究者を除き、忘れられた存在となっていきました。それが重力を含む究極の理論の候補として復活していく話は、またあとで述べることにしましょう。

ここまでの弦理論における超対称性は、２次元（時間と弦の長さ方向）の理論の対称性であって、４次元時空での理論の対称性ではありませんでした。超対称性を持つ場の理論を4次元時空で初めて構成したのは、１９７０年代初頭、ソビエト連邦（当時）の研究者たちでした。しかし彼らの業績はソビエト連邦の外にはまったく知られず、またソビエト連邦内においても長い間無視されることとなりました。

超対称性が4次元時空での自然界の対称性として脚光を浴び始めたのは、１９７４年のユリウス・ヴェスとブルーノ・ズミノの論文からといってよいでしょう。

ヴェスとズミノは、ラモンやヌヴォー－シュワルツらの弦理論の超対称性にヒントを得て、４次元時空での場の量子論で、超対称性を持つモデルを具体的に書き下すことに初めて成功しました。またヴェスとズミノは、弦理論の論文やソビエト連邦の論文の著者たちの誰もが注意を払わなかったコールマン－マンデュラの定理について初めて言及し、なぜ「不可能定理」が破られたのかを明らかにしたのです。

ポアンカレ対称性を拡張する超対称性の代数は、ボソンをフェルミオンに変換し、フェルミオンをボソンに変換する演算子を含みます。場の量子論では、ボソンの演算子は交換関係を満たしますが、フェルミオンの演算子は反交換関係を満たします。従って、ボソンとフェルミオンの入れ替えを表現するには、反交換関係に従う演算子を導入する必要があります。コールマン－マンデュラの定理では、ボソンとフェルミオンを混ぜるようなことは考えに入れていませんでした。これが、コールマンとマンデュラの考察に欠けていた点だったのです。

この点を改良して、コールマン－マンデュラの定理を一般化したのが、ルドルフ・ハーグとヤン・ロプザンスキー、マーティン・ゾーニウスによって得られた定理です。彼らはローレンツ不変性の要求を満たす最も一般的な超対称性の代数がどのようなものかを明らかにしました。

この新しい代数の特徴は、ボソンとフェルミオンを互いに変換する演算子の反交換関係が、4次元時空の平行移動の演算子になることでした。すなわち、ボソンをフェルミオンに変える超対称性変換を行い、さらにフェルミオンをボソンに変える超対称性変換を行うことは、時空を平行移動することになるのです。言い換えれば、超対称性とは平行移動の平方根（$\sqrt{}$）のようなものです。つまり、超対称性変換を2回行うと時空の変換になるということは、超対称性が内部対称性ではなく、時空の対称性であるということを意味します。しかも、超対称性は、ローレンツ不変性の要求を満たす最大限の拡張であることも示されたのです。

時空の究極の対称性

超対称性が、時空の対称性であるということは、幾何学的に表わせるはずです。通常の4次元ミンコフスキー時空は、時間座標と空間座標、あわせて４つの実数の座標軸で表わされます。実数は互いに可換です。たとえば、$x_1x_2 = x_2x_1$などのように、実数の掛け算は順番を変えても結果は同じです。これはボソンの交換関係と同じものです。時間と空間の座標は可換なので、ボソン的な座標です。この時空を超対称にするには、フェルミオン的な座標を持ち込む必要があります。フェルミオン的な座標とは、反交換関係に従う座標です。

そんなおかしな数があるのかというと、１００年以上も前に、数学者ヘルマン・グラスマンによって考案されていたのです。グラスマン数とよばれるもので、２つのグラスマン数（θ_1、θ_2）は、次のような反交換関係に従うのです。

$$\theta_1\theta_2 = -\theta_2\theta_1$$

θ_1とθ_2が等しい場合でも、反交換関係は成り立つので、$\theta_1^2=0$、すなわちグラスマン数の２乗は０ということになります。

グラスマン数を２つ組にすると、２成分のスピノルになります。スピノルとは、電子のスピン状態を表わす半ベクトルのことでしたね。こういうスピノルの座標軸２つ（θ、$\bar{\theta}$）を、通常の４次元時空に加えたものが「超空間」です（図４・２）。超空間内で、超方向（θ、$\bar{\theta}$）の方向）

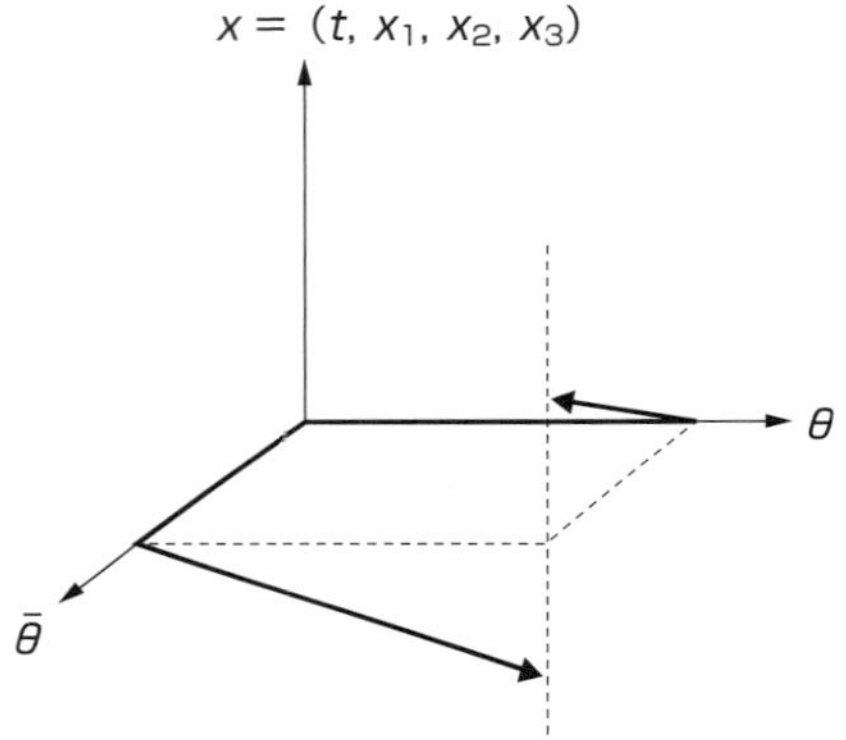

図4.2 超空間
通常の時空の4つの座標に加えて、フェルミオン的な座標（θ, $\bar{\theta}$）が存在する。

に、図4・2のように原点から出発した2つの線が2回移動すると、通常の4次元時空での移動になります。2回移動した先の点が、通常の時空方向（図では上下）に元の位置からずれているのが分かるでしょう。これが超対称性は通常の4次元時空での平行移動の平方根のようなものといった理由です。

1974年、サラムとストラスディーは、超空間内でボソンとフェルミオンをまとめた超多重項を、数学的に簡潔に記述する手法を考案しました。この多重項は「超場」とよばれ、時空座標とフェルミオン的座標の両方に依存する関数となっています。

こうして数学的には非常に美しい理論体系が整ったのですが、しばらくの間、超対称性が大きな注目を浴びることはありませんでした。それは、現実には超対称性は見られていないということが大きな理由でした。もし超対称性が成り立っているのならば、たとえば電子や光子に対して、それらと同じ性質を持った「ボソンの電子」や「フェルミオンの光子」が存在しないといけないのです。しかし現実にはそのような粒子は見つかっていません。もし超対称性があったとしても、実際にはそれは「破れた対称性」だということです。

階層性問題

数学的には美しくても、現実には破れている超対称性、それがなぜ理論的に非常に有用な概念であると認識されるようになったのでしょう。その肝心な点は、すでに１９７４年のヴェスとズミノの論文に述べられています。それは、彼らのモデルの中のボソンとフェルミオンの寄与が打ち消し合って、理論に急激な発散が現れないということです。

この打ち消しによる発散の解消を、標準理論が抱える問題の解決に使えるのではないかと理論家たちは考えるようになりました。

この標準理論の問題とは、前章の終わりで出てきたヒッグス粒子の質量にまつわる階層性問題、あるいはファインチューニング問題です。標準理論には、スピン½のフェルミオン（クォークとレプトン）、スピン1のベクトルボソン（力の媒介粒子）、スピン0のスカラーボソン（ヒッグス粒子）の3種類の粒子が登場します。これらのうち、フェルミオンとベクトルボソンは、それぞれカイラル対称性とゲージ対称性に守られて、急激な発散は出てこないようになっていたのでしたね。スカラーボソンだけが、急激な発散を内蔵しているのです。

標準理論に超対称性を持ち込めば、スカラーボソンの質量が持つ急激な発散を打ち消して、ファインチューニング問題を解決できることが認識されるようになりました。それはこういうしくみです。超対称性があれば、ヒッグス粒子に対して、〝フェルミオンのヒッグス粒子〟が存在します。〝フェルミオンのヒッグス粒子〟の質量は、カイラル対称性によって守られるので、急激な発散はありません。従って、超対称性により、ヒッグス粒子の質量も急激な発散はないということになります。

これをもう少し具体的に見てみましょう。標準理論では、ヒッグス粒子質量の高次補正項のうち、第3章の図3・16のような過程から、急激な発散が生じます。これは一瞬の間トップクォークが現れる過程ですが、これに超対称性を仮定すると、トップクォーク（t）の超対称性パートナーであるスカラー・トップクォーク（$\tilde{t}$、スピン0のボソン）も一瞬現れることになります（図4・3）。この2つの項がぴったり打ち消し合って、急激な発散が消えるのです。

現実には、スカラー・トップクォークは見つかっていませんが、トップクォークと比べて極端

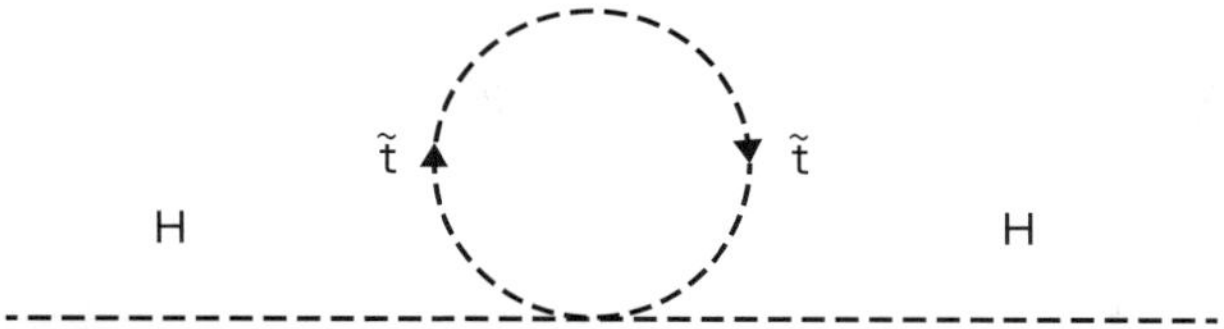

図4.3　ヒッグス粒子質量の高次補正
超対称性理論では、第3章の図3.16とともに、この図の項も計算に入ってくる。

に重くなければ、ファインチューニング問題は解決されます。プランクスケールに比べて超対称性の破れのスケールが十分小さければ、階層性問題には抵触しないことになります。

階層性問題のためだけに、新粒子を導入するのはどうかという考えもありますが、チャームクォークを理論的に導入して、ワインバーグ－サラム理論をクォークにまで広げ、それが現実に発見されたという例もあります。また階層性問題を解決するのに、新しい対称性を導入するのではなく、ヒッグス粒子を複合粒子とする考えもあります。この場合は、スカラー粒子にまつわる問題はなくなりますが、複合粒子を構成する粒子は何か、そしてその力学はどのようなものかを知る必要があります。実際このようなモデルがいくつか提唱されましたが、それらの多くは実験事実と矛盾して棄却されました。標準理論のすべての粒子が複合粒子である可能性も否定できませんが、今のところすべての現象を矛盾なく説明するモデルを作ることが難しい状況です。

力の大統一

超対称性が素粒子を記述するモデルに取り入れられて、素粒子物理の展望が大きく開けることになったのは、力の大統一を目指す理論的試みにおいてその威力を発揮してからのことでした。

理論、実験ともに多くの進展があった1974年、ハワード・ジョージャイとグラショーはSU（5）ゲージ対称性にもとづいた大統一理論を提唱しました。これは、量子色力学と電弱理論を合わせた標準理論を、SU（3）×SU（2）×U（1）を含んだもっと大きな群を用いて、単独のゲージ理論にまとめる理論です。強い力、弱い力、電磁気力の3つの力が、ひとつの基本的な力に帰着できるとする考えです。

グラショーやワインバーグ、サラムによる電弱統一理論は、〝統一理論〟とよぶよりはむしろ、弱い力と電磁気力の統一的理解といったほうがより正確かもしれません。この理論はSU（2）とU（1）のそれぞれに対応する結合定数2つを含んでいて、弱い力と電磁気力をひとつの力に帰着するようなものではないからです。

ここで結合定数について説明しておきましょう。結合定数とは、相互作用の大きさを表わす量のことです。フェルミオンに働く力が、力の媒介粒子であるベクトルボソンの放出あるいは吸収

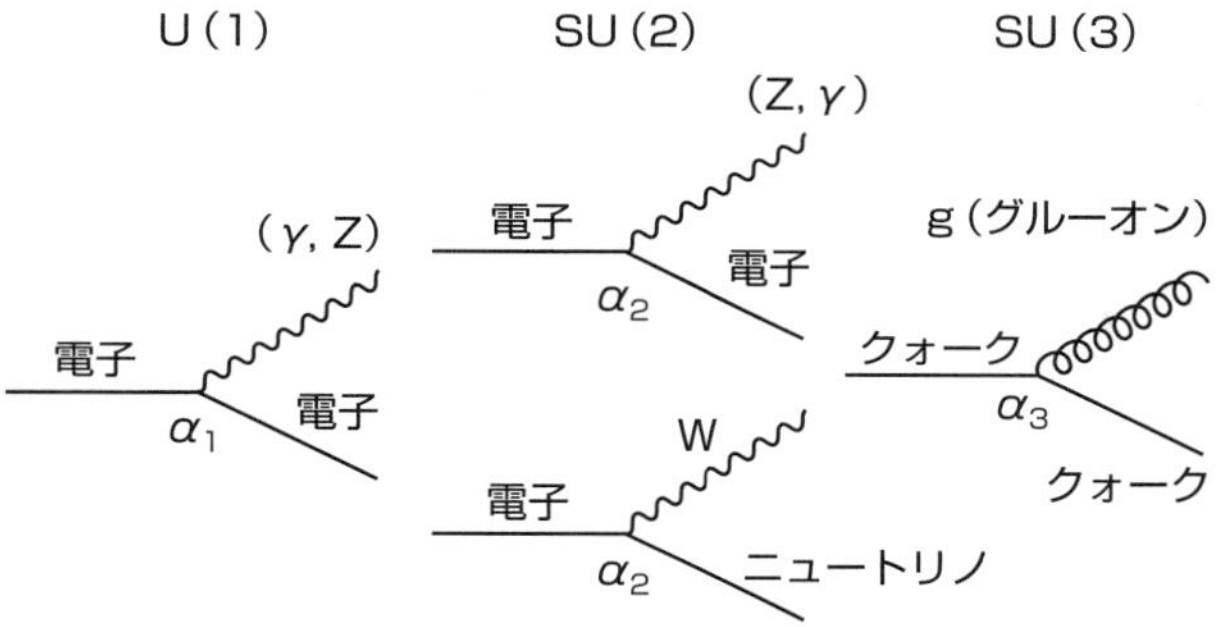

図 4.4　フェルミオンとベクトルボソンの相互作用

によっていることは前の章で述べました。図4・4はその様子をファインマン図で表わしたものです。標準理論の3つの力に対応するU（1）、SU（2）、SU（3）のそれぞれに付随する結合定数をα_1、α_2、α_3としています。U（1）相互作用は、電磁気力と弱い力の組み合わせからなり、α_1はその結合定数です（左の図）。α_2はSU（2）相互作用の結合定数で（中央の図）、α_3はSU（3）相互作用（強い力）の結合定数です。

大統一理論は、弱い力と電磁気力に強い力も合わせ、まとめて1つの力に帰着させようというのです。ジョージャイとグラショーは、SU（3）×SU（2）×U（1）を含むような群の中から、最もシンプルな群としてSU（5）を選び、これに基づいたモデルを作ったのです。

この大統一理論は、標準理論の最も自然な拡張となっています。ジョージャイとグラショーのモデルでは、クォークとレプトンが同じグループに入っています。つまり大統一理論の中では、クォークとレプトンが同じ仲間の粒子となるため、クォークの電荷とレプトンの電荷の間に関係が付き、電子の電荷と陽子の電荷が、符号を除いて、正確に一致していることが自然に説明されます。それに加えて、標準理論にあったアノマリー（量子異常）の問題も消えてしまうのです。

力が統一されるということは、３つの力の結合定数が同じ大きさになるということです。これがどうして可能になるかというと、結合定数も高次補正を受けるので、それを測定するエネルギーによって値が違ってくるからです（これは「エネルギー依存性」とよばれます）。

強い力（ＳＵ（３））の結合定数が大きなエネルギー依存性を持っていることは実験的には示されていましたが、同じようにＳＵ（２）やＵ（１）の結合定数もエネルギー依存性を示すことが知られています。これら３つの力に対し、高次補正の理論計算を行って、より高いエネルギーで結合定数の予想値を出すと、図４・５のようになります。

電弱統一のエネルギースケールである約１００ＧｅＶでは、３つの力の結合定数は大きく離れていますが、エネルギーが高くなると次第に近づいてゆき、10^{14}ＧｅＶから10^{15}ＧｅＶのあたりで同じ大きさとなるようにも見えました。そしてこの大統一のエネルギースケール（M_{GUT}）がプランクスケール（10^{19}ＧｅＶ）に近いことから、重力も含むすべての力の統一理論へと発展する希望まで抱かせることになりました。

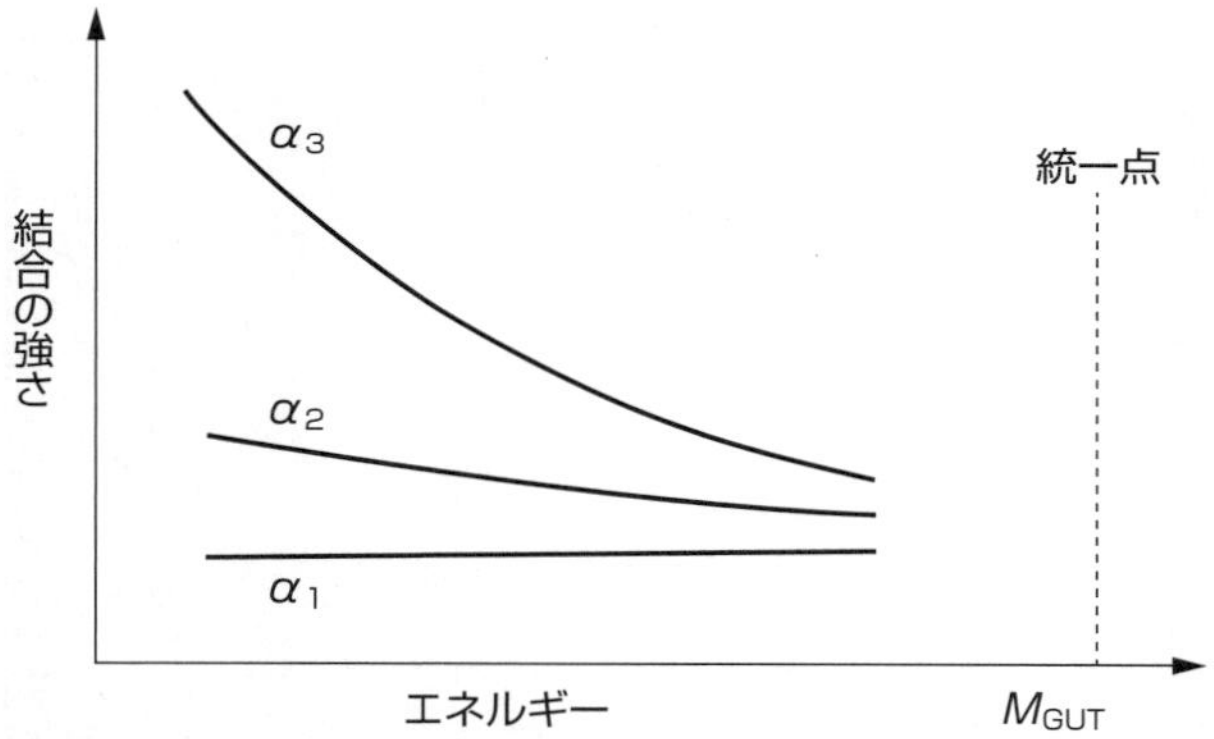

図4.5　**3つの力の結合定数のエネルギー依存性**
α_1、α_2、α_3は、それぞれU(1)、SU(2)、SU(3)の結合定数。

SU（5）大統一理論は、目新しい予言もしました。それは、陽子が崩壊するというものです。クォークとレプトンが同じ仲間の粒子であるということは、クォークとレプトンは同種の粒子ということであって、互いに移り変われることを意味します。このモデルでは、陽子（p）はたとえば陽電子（e^+）と中性パイ中間子（π^0）に崩壊することが可能です。陽子の寿命は、大統一スケールの大きさによりますが、大統一スケールを10^{14}から10^{15}GeVとすると、約10^{27}から10^{31}年になります。

SU（5）大統一理論が予測する陽子の寿命は、宇宙年齢（約10^{10}年）に比べると非常に長いように見えますが、陽子をたくさん集めれば、その中で陽子崩壊が起きる確率が高まるので、十分観測可能な値です。そこで、巨大な水槽と光センサー（光電子増倍管）を用いて陽子崩壊を検出する装置が日本（カ

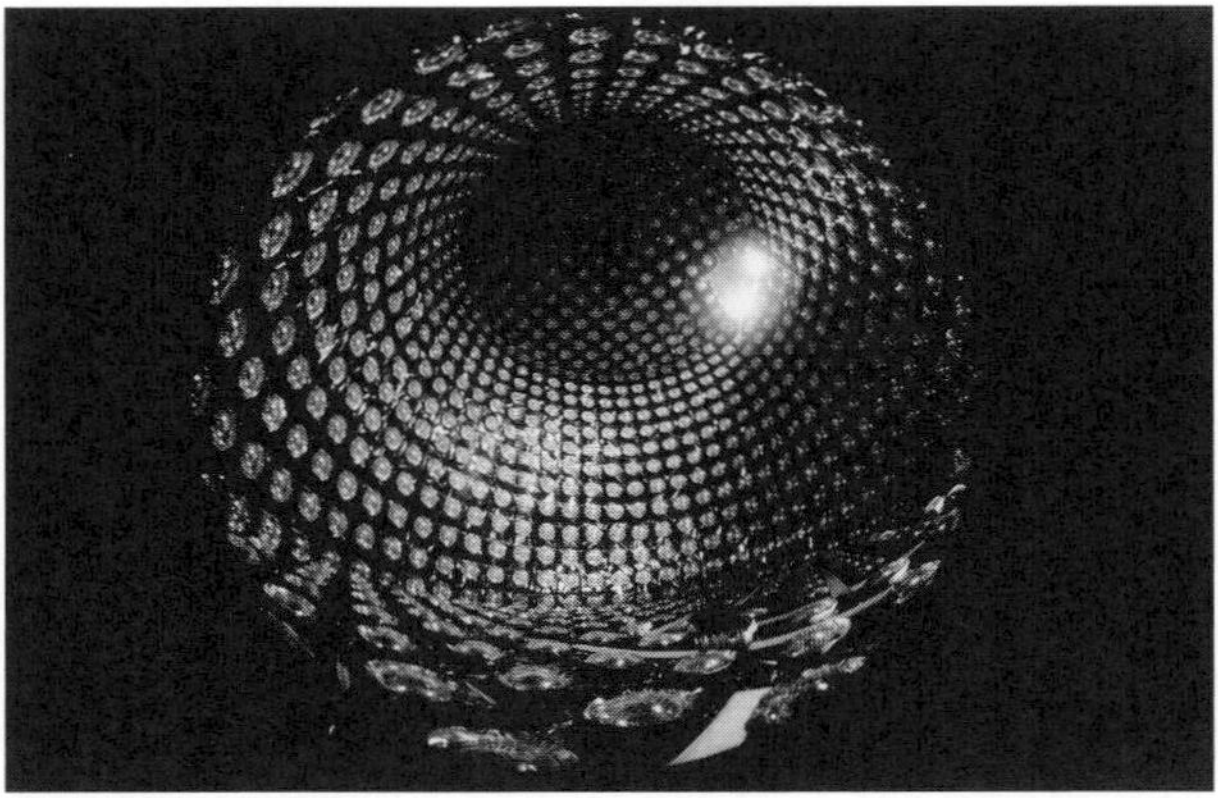

写真4.1　カミオカンデ実験装置
（写真提供　東京大学宇宙線研究所神岡宇宙素粒子研究施設）

ミオカンデ実験）と米国（IMB実験）で建設されました。写真4・1は、岐阜県神岡鉱山の地下1000メートルに建設されたカミオカンデ実験装置です。3000トンの純水を蓄えたタンクと、その壁面に取り付けられた1000本の光電子増倍管からなるものです。

結果は、どちらの実験でも陽子崩壊は見られず、陽子の寿命は少なくとも10^{32}年以上であることが分かりました。これによりSU（5）大統一理論は修正を迫られることになりました。SU（5）に代わるもっと大きな群も提案されました。たとえばSO（10）などは有力な候補とされましたが、SO（10）から標準理論のSU（3）×SU（2）×U（1）まで到達する道筋が複雑になるなどの問題点もあります。

大統一理論は、プランクスケールに加えて、大統一スケールの存在をもたらします。大統一理論は、標準理論と同類のゲージ理論であるので、なぜ大統一スケールと電弱スケールの2つがあり、それらがなぜ大きく離れているのかという、より深刻な階層性問題（ゲージ階層性問題とよばれます）を引き起こしました。

ゲージ階層性問題に対しては、複合粒子モデルはあまり役に立ちません。この問題に威力を発揮したのが超対称性です。１９８１年に坂井典佑らによって提唱された「超対称ＳＵ（５）大統一理論」では、超対称性はテラ電子ボルトのスケールで破れており、これより高いエネルギーでは対称性を保っていると仮定します。これにより、標準理論のファインチューニング問題は解決されます。ただしこれは、超対称性が破れるエネルギースケール（M_{SUSY}）を新たに導入しているので、階層性問題を本質的に解決しているわけではありません。

超対称ＳＵ（５）大統一理論では、M_{SUSY}より高いエネルギー領域では、3つの力の結合定数の高次補正が超対称性の影響を受け、標準理論とは異なったふるまいを示します。その結果、大統一のスケール（M_{GUT}）はジョージャイ－グラショーのＳＵ（５）大統一理論より大きな値になると予想され、それは陽子の寿命を長くすることになり、陽子崩壊探索実験と矛盾しなくなると期待されます。陽子崩壊探索については、次章で詳しく述べることにします。

超対称ＳＵ（５）大統一理論をさらに後押ししたのは、第3章でも紹介したＣＥＲＮのＬＥＰ実験でした。１９８９年に運転を開始した電子－陽電子コライダーＬＥＰは、Ｚ粒子を大量に生

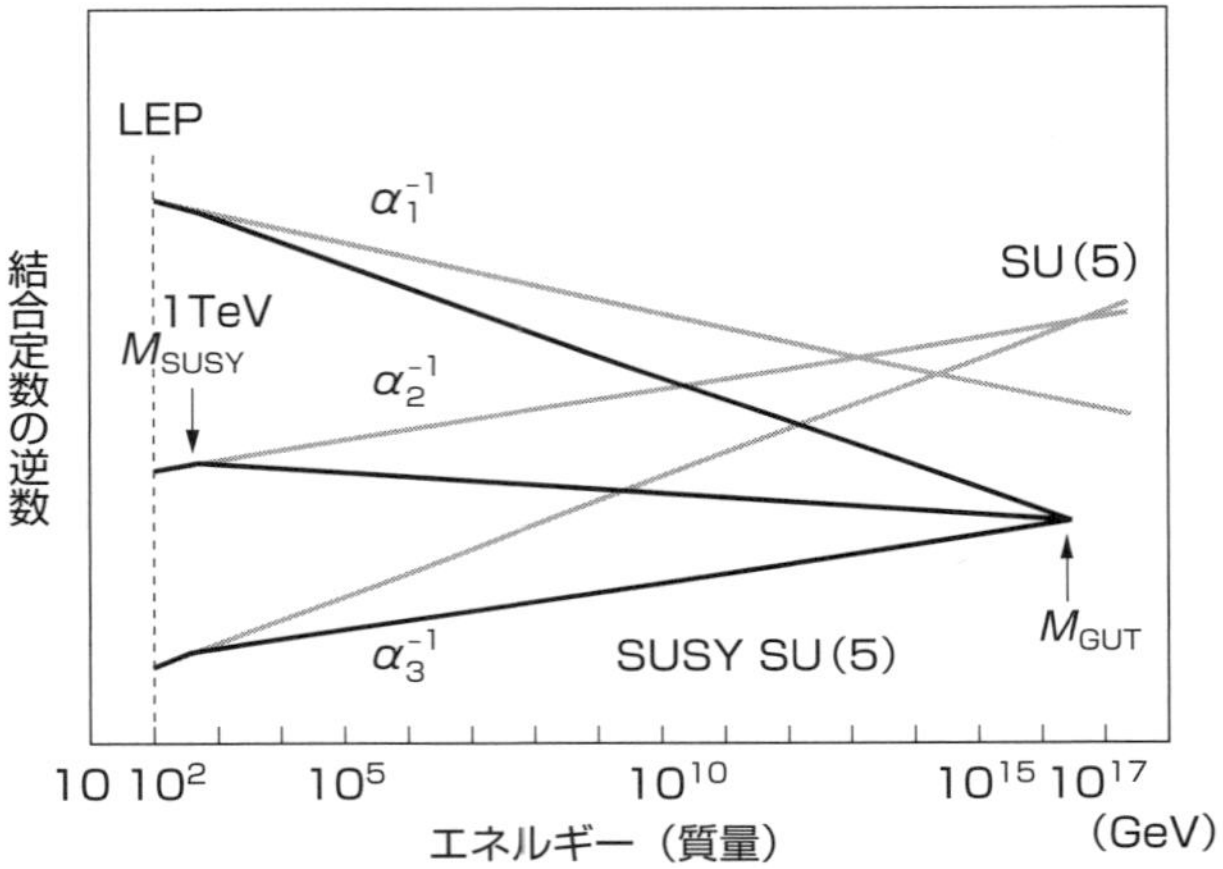

図 4.6 力の大統一

グレーの線がSU(5)にもとづく大統一理論の予想で、黒い線がこれに超対称性を加えた理論の予想を表わす。

成し、100GeVのエネルギースケールでの3つの力の結合定数を非常に高い精度で測定しました。その結果を大統一理論の予測にあてはめてみたところ、単純なSU（5）大統一理論ではもはや力の大統一は成り立たないことが明らかになったのです。図4・6のグレーの線は、SU（5）大統一理論で予想される、U（1）、SU（2）、SU（3）の結合定数（α_1、α_2、α_3）が、エネルギーによって変わる様子を表わしたものです。もう、3つの力が一点で収束しているとは、まったくいえなくなってしまっています。

これに対し、超対称SU（5）大統一理論の予測は、見事に一点に集まっていました。図4・6の黒い線が示すように、超対称性の破れのスケール（M_{SUSY}）が１ＴｅＶあたりのとき、超対称性粒子の質量が１ＴｅＶ程度になり、その影響で結合定数のエネルギー依存性が変わり、３つの力がM_{GUT}で一致するようになるのです。M_{SUSY}が１ＴｅＶより桁違いに大きい場合は、力の大統一は成立しなくなり、かつ、ファインチューニング問題も再燃してしまいます。

超対称ＳＵ（５）大統一理論の成功は、超対称性が破れるエネルギースケール（M_{SUSY}）と大統一エネルギースケール（M_{GUT}）の間には、標準理論と超対称性以外は何もない〝超対称大砂漠〟の存在を示唆します。ＴｅＶのスケールでの標準理論や超対称性の破れの物理の次に来るのは、10^{16}ＧｅＶという大統一スケールでの物理になるかもしれません。それは重力を含むプランクスケールのすぐ近くです。テラ電子ボルトのスケールの物理を詳細に調べることで、大統一やプランクスケールの物理が見えてくるようになるかもしれないという期待を抱かせます。

万物の理論

素粒子の理論にはさまざまな無限大（発散）が現れます。計算結果が無限大になってしまっては、理論の予測能力はなくなってしまうので、無限大が現れないように理論の修正をしたり、新しい考えを導入したりします。そこでは対称性が非常に重要な役割をしていることは、これまで見てきたとおりです。ゲージ対称性やカイラル対称性のおかげで、標準理論はくりこみ可能になっています。そして、もし超対称性があれば、ヒッグス場にまつわるファインチューニング問題も解決することができます。

重力は標準理論では扱えませんが、重力も含めたすべての力を理解することは物理学者の大きな夢です。アインシュタインは、特殊相対性理論に重力を含めた「一般相対性理論」も作り上げました。しかし、この理論に量子力学を組み入れた「量子重力理論」は、まだ完成されていません。その原因は、力の媒介粒子が標準理論に出てくるスピン1のベクトルボソンではなく、スピン2のテンソル粒子であることからくる困難さにあります。この粒子は、グラヴィトン(重力子)とよばれます。この粒子が顔を出すと、手に負えない無限大が出てきて、理論をくりこみ可能にするのが極端に困難になってくるのです。

超対称性は、数学的に美しく、ローレンツ不変性を最大限に拡張したものでもあり、究極的に高エネルギーの極限では成り立っていると期待されます。そして、超対称性が持つボソンとフェルミオンの間の無限大相殺効果は、量子重力理論を構築する試みにおける有力な手段ともなっているのです。

超対称性のこの性質を利用し、一般相対性理論に超対称性を取り込んだ理論が作られました。それが「超重力理論」です。これとは逆に、超対称性にある特殊な条件を加えることで、超対称

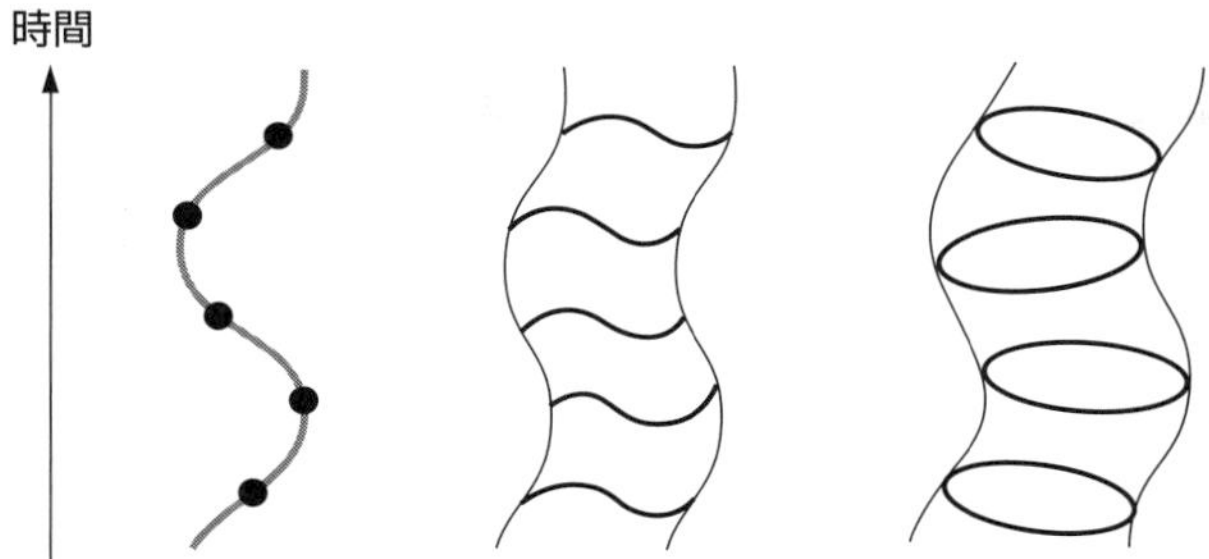

図 4.7　**超弦理論に登場する開いた弦と閉じた弦**
（左）点状の「粒子」、（中）端のある「開いた弦」、（右）端のない「閉じた弦」が時空の中を動く様子。縦軸が時間を表わしている。

な重力理論が得られることも分かっています。

超重力理論では、重力子（質量０、スピン２）の超対称パートナー粒子として、スピン$3/2$のグラヴィティーノが出てきます。このグラヴィティーノと重力子の寄与が打ち消し合って、量子重力理論にあった無限大を大幅に緩和することができました。しかし、それでもまだ無限大は残っており、理論をくりこみ可能にできるまでには至っていません。

そこに登場したのが「超弦理論（スーパーストリング理論）」です。南部らが提唱した弦理論は、その後超対称化され、ボソンだけでなくフェルミオンも含まれるようになりましたが、ハドロンを記述する理論としては成功しませんでした。しかし、１９７３年、米谷民明により、弦理論は重力を含むことが発見されました。弦理論には必ず閉じた弦が登場しますが（輪ゴムのように端のない弦）、その中のスピン２で質量０のものが、重力子に対応する性質を持つことが分かったのです（図4・7）。

1974年、ジョエル・シェルクとシュワルツは、弦理論が重力を含むのなら、この理論こそ一般相対性理論と量子力学を融合する究極の統一理論に違いないと考えました。開いた弦の振動モードの中には、スピンが1で質量0のものがあり、これは電磁気力を伝える光子や他のゲージ粒子に対応できます。さらに弦理論を超対称化すれば、フェルミオンを含めることができ、これをレプトンやクォークとみなすこともできます。

そしてなにより、弦理論にはそもそも発散の問題はないのです。場の量子論は点状の粒子を扱います。理論に現れる無限大の困難は、「大きさを持たない点」に由来しているのです。弦は大きさ（長さ）を持っているので、理論に無限大は現れません。超対称化された弦理論こそ、「万物の理論」であると、シェルクとシュワルツは期待したのです。

しかし、この弦理論は多くの物理学者の注目を集めることはありませんでした。その理由は、前章で述べたように、ちょうど標準理論が完成され、実証されていった時期と重なったこともありますが、理論自体が抱える問題にもあったのです。

ひとつは、超対称化された弦理論が、量子力学として整合性を持つためには、時空は4次元ではなく、10次元でなければならないということです（超対称化されていない弦理論は、26次元時空のみ許されます。これらのどちらも次元のうちひとつが時間で、残りの次元は空間です）。これは大変奇妙であることに加え、10次元の理論から、どのようにして４次元時空の標準理論を導き出せばよいのか見当もつかなかったのです。

もうひとつの問題は、アノマリー（量子異常）の存在でした。本来弦理論には無限大は現れませんが、高次補正がゲージ対称性を破る問題があり、理論の整合性が保たれなくなってしまうのです。標準理論においては、クォークからくるアノマリーとレプトンからくるアノマリーを相殺させることによって、ゲージ対称性を復活させることができました。しかし万物の理論を目指す弦理論では、重力も含まれるため、ゲージ場と重力場の持つ対称性に対するアノマリーを同時に消さなくてはならず、それが大きな困難だったのです。

「超弦理論」革命

これらの問題が解決され、「超弦理論」として大きく進展したのが、１９８４年に始まる第一次スーパーストリング革命です。それは、マイケル・グリーンとシュワルツによって、アノマリーの問題が解決されたことから始まりました。彼らは、10次元時空における超弦理論が、ある特殊なゲージ対称性を持つ場合に限って、アノマリーが消えることを発見したのです。それは万物の理論の候補として大変望ましいものでした。

シュワルツは、1971年にヌヴォーと超対称性を持った弦理論を作り、1974年にシェルクと超弦理論がレプトンやクォーク、ゲージ粒子、重力子を含む万物の理論であると提唱し、そしてついに1984年にグリーンとアノマリーのない超弦理論を発見したのです。彼はまさに「超弦理論の父」とよぶにふさわしい人でしょう。

グリーンとシュワルツの発見に続く数年の間に、アノマリーのない10次元時空の超弦理論が5つ見つかりました。さらに10次元の時空のうち、6つの空間の次元を小さく丸めて、理論から除去する「コンパクト化」の手法が作られました。これらは、万物の理論から4次元時空の標準理論を導くための重要なステップですが、その道筋は無数にあり、どれが正しいのか選択する問題に打ち当たったのです。

矛盾のない超弦理論が5つあり、そのどれが万物の理論の候補なのか、それをどのように選ぶのかという問題は、1995年に始まる第二次スーパーストリング革命によって次第に明らかにされてきました。5つの理論の間には、互いに「双対性」とよばれるある種の関係のあることが分かってきたのです。

1995年にはもうひとつの発見がありました。それは超弦理論には、1次元の長さを持つ弦だけでなく、広がりを持った「ブレーン」（「膜（メンブレン）」から派生して作られた用語です）も存在するということです。ブレーンには、2次元の膜のようなものから、3次元以上の物体の

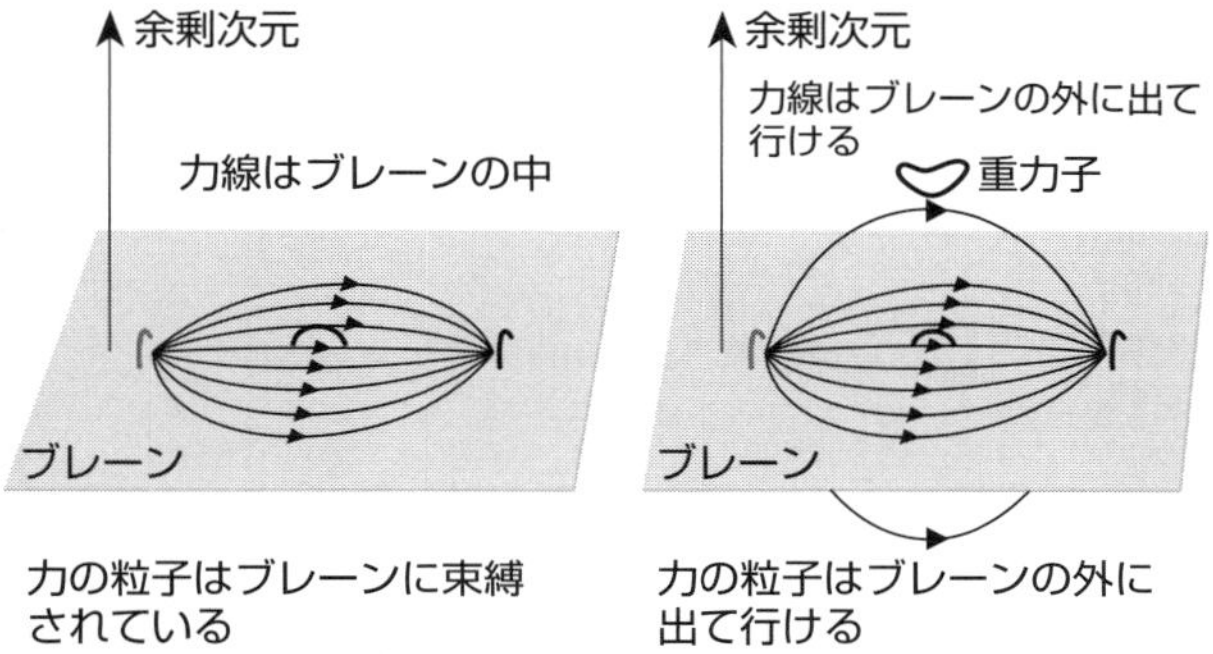

図4.8　超弦理論が描く世界
（左）ゲージ粒子はブレーンに束縛されている。
（右）重力子はブレーンに束縛されず、10次元時空を動き回れる。

ようなものも含まれます。ブレーンは、開いた弦の端が存在する場所と考えることもできます。

この考えに従うと、ブレーンが３次元の空間で、フェルミオン（クォークとレプトン）やゲージ粒子が開いた弦だとすると、標準理論の粒子が私たちの４次元時空に存在することが自然に説明されます。そして、閉じた弦の重力子は、ブレーンに固定されることはないので、10次元時空を自由に飛び回ります。重力子はごくたまにしか私たちのブレーンを横切らないので、標準理論の粒子は重力子とぶつかる確率が小さいのです。こうして、重力が他の３つと比べて、なぜ極端に弱いのかも自然に説明されます（図４・８）。

ブレーンの発見は、ある種の重力理論とゲージ理論の対応を導き出し、またブラックホールの問題などにも応用されています。しかし、万物の理論に到達する道はまだまだ険しそうです。新しい数学の発展が必要なのかもしれません。そして、万物の理論から標準理論に至る道のりが一意的に決められるのかという問題も浮かび上がっています。超弦理論が私たちの宇宙を記述する正しい理論であるとすると、それを実証することが必要です。超弦理論を実証するための鍵となるのは、①重力子の発見、②素粒子が弦であることの証拠、③余剰次元の存在（空間の次元が3より大きいこと）、④超対称性の存在でしょう。

重力波を検出しようという実験は、現在世界各地で進められています。早ければここ数年のうちに検出できるかもしれません。しかし、重力子となると、重力波の量子力学的性質ということになるので、簡単ではありません。また、弦や余剰次元の大きさは、ナイーブに考えれば、プランクスケール（約10^{-33}センチメートル）なので、現在の実験技術の範囲で見つけられないとしても不思議ではありません。

これらに対し超対称性は、低いエネルギー（といっても現在世界最大の加速器で何とか出せる高エネルギーですが）で発見できる可能性がおおいにあります。超対称性が実在すると分かれば、それは万物の理論へ向けての大きな一歩となるのです。

超対称性の破れ

すこし話が現実から遠ざかる方向に行ってしまいましたが、またもとに戻りましょう。超対称ＳＵ（５）大統一理論が、自然を記述する正しい理論であるとすると、標準理論が成り立っているエネルギースケールのすぐ上、テラ電子ボルトのエネルギー領域で超対称性の破れが見えるはずです。それは、標準理論のすべての粒子に対応する超対称パートナー粒子（超対称性粒子）がテラ電子ボルトのエネルギー領域に存在することを意味します。しかし、超対称性粒子の詳細について理論的予測をするためには、超対称性がどのように破れるのかが分からなければなりません。

超対称性の破れの機構が、ゲージ対称性の場合と同じように、自発的超対称性の破れによるものとすると、発散の問題もなく、うまくいくように思われます。しかし、この破れ方では、標準理論の粒子に対する超対称パートナー粒子（たとえば電子に対するスカラー電子）の質量は、もとの標準理論の粒子の質量より大きいものがあれば、必ず小さいものが出てきてしまうことが知られています。つまり、私たちが知っている粒子より軽い超対称性粒子が必ず存在することになります。これは実験的事実と矛盾します。

この困難を避けるために出てきたのが、〝見えるセクター〟と〝隠れたセクター〟という考えです。見えるセクターとは、標準理論が支配する通常の世界のことです。隠れたセクターは、標準理論の相互作用が直接には及んでいないとされる世界で、そこで超対称性の破れが起こっているとします。

このようにいろいろなセクターがあるという考えは、超弦理論などからはごく自然に出てきます。そして、隠れたセクターで起こっている超対称性の破れが、たとえば重力の相互作用を介して、見える世界に伝わってくると考えるのです。こういうモデルは、超重力モデルとよばれます。重力を介する以外にも、ゲージ相互作用を持つメッセンジャーと称される粒子が超対称性の破れを伝えるモデルや、量子アノマリーが伝えるとするものなど、さまざまなモデルが提唱されています。

このように、理論的な仮定をおいて、そこから具体的なモデルを導くトップダウン的な方法は、いろいろな仮定を付け加えることによって、モデルに含まれるパラメータ（未知数）の数を少なくすることができます。たとえば、超重力モデルで最もパラメータ数を少なくしたものは、「最小超重力モデル」とよばれ、新しいパラメータは5つしかありません。パラメータが少ないほど、理論の予言能力は高くなり、その理論を検証、あるいは棄却できる可能性が大きくなるというわけです。

これに対し、超対称性の破れを理論に組み込む現実的な方法もあります。それはボトムアップ的なやり方ですが、まず標準理論をもとにして、それを超対称化し、急激な発散が出ない項のみ付け加えて、超対称性の破れを導入するというものです。急激な発散が出るような項を付け加えると、せっかく超対称性を入れて解決した階層性問題が再び現れてしまうからです。

そのような問題のない「ソフトな超対称性の破れ」の項の種類は、それほど多くはありません。これらをすべて加えて、一般的な形にしたものが「超対称標準モデル」です。ただし、このモデルには、パラメータが全部で１２４個あります。これらのうち19個は標準理論内のパラメータですが、新たに１００個以上のパラメータが出てきてしまうのです。

超対称標準モデルは、理論的な偏見や仮定をできるだけ少なくして、標準理論を超対称化したモデルといえます。これに理論的な制限をつければ、パラメータの数を減らすことは可能です。たとえば、力の大統一を仮定すれば、大幅にパラメータは少なくなります。超対称ＳＵ（５）大統一理論や最小超重力モデルなども、超対称標準モデルの枠組みの中でとらえることが可能です。

超対称標準モデルの予言

超対称標準モデルは、標準理論の素粒子に超対称パートナー粒子を、必要最小限だけ付け加えたモデルです。このモデルに登場する粒子は第1章で示しましたが、確認のためもう一度見てみましょう（図４・９）。

この図について、ひとつ補足説明をする必要があります。それはヒッグス粒子についてです。

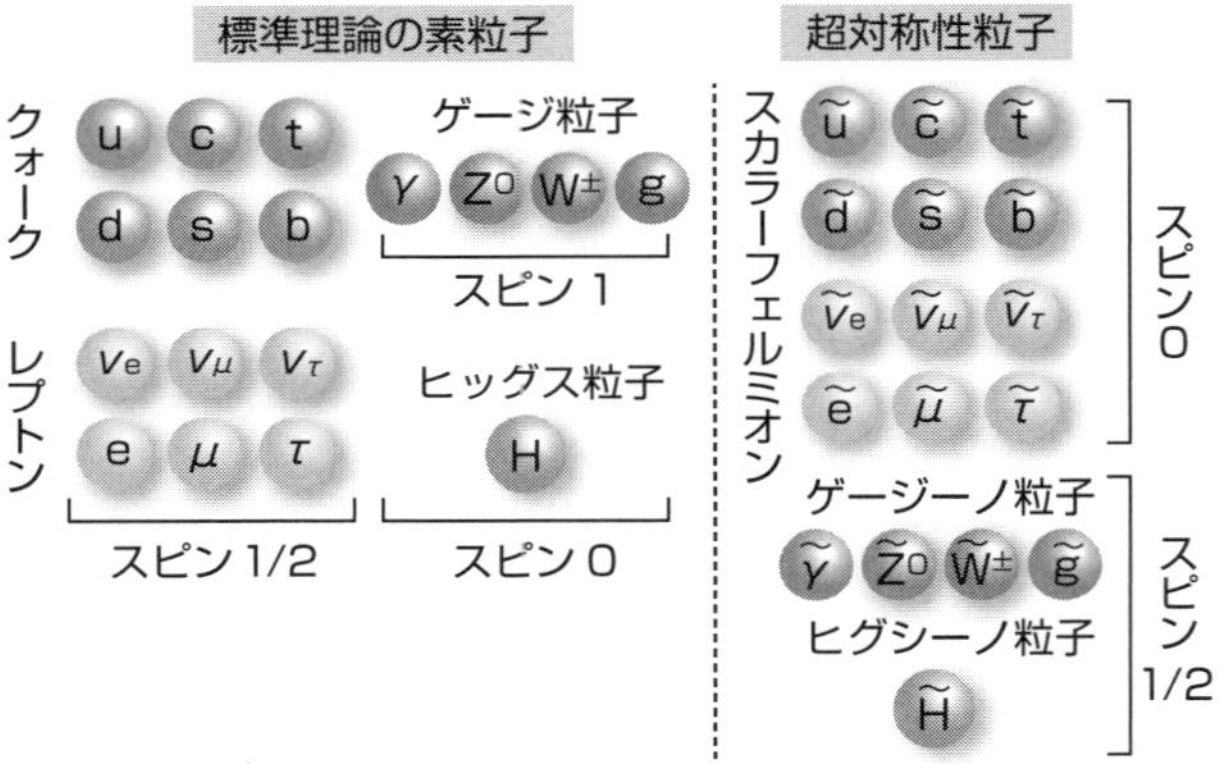

図 4.9　標準理論の素粒子と超対称性粒子

標準理論では、素粒子に質量を与えるために、4つの成分を持つヒッグス場を導入しました。それが、超対称標準モデルでは、ヒッグス場を2つ導入しなければならないのです。その理由は、ヒッグス場が1つではうまく理論式が書けないこと、それから量子アノマリーが出てきてしまうことです。これらを解消するには、少なくとも2つのヒッグス場が必要になります。ヒッグス場を3つ以上導入してもよいのですが、理論をできるだけシンプルにして、パラメータの数をおさえるために、超対称標準モデルではヒッグス場を2つ導入するというわけです。

その結果、ヒッグス場の成分は、全部で8つあることになりますが、そのうち3つはW粒子とZ粒子の質量となって消えてしまい、残りは5つになります。標準理論では、1つしか残らなかったので、ヒッグス粒子は1個しかありませんが、超対称標準モデルではヒッグス粒子が５個出てくることになります。それらは、中性のｈ、Ｈ、Ａと、電荷を持つ$H^{\pm}$と名付けられています。これらの中で最も軽いものがｈです。超対称標準モデルが正しいとすると、最近発見されたヒッグス粒子はｈということになります。そしてさらに、もっと重いヒッグス粒子が発見されるかどうかが、超対称標準モデルの正しさを証明する決め手のひとつとなるのです。

Ｒ対称性

超対称標準モデルは、階層性問題の解決とあわせて、力の大統一も容易に成り立たせるようにできます。その結果、陽子崩壊に関する予言も可能になるのですが、観測値と合わせるためには、ひとつ条件が必要になってきます。それはＲ対称性、あるいは「Ｒパリティ」とよばれるものです。

Ｒパリティとは、標準理論の粒子にはＲに+1という値を持たせ、超対称性粒子にはＲに−1という値を持たせて、反応の前後でＲパリティの積が保存するようにするというものです（Ｒパリティ不変性といいます）。

この条件のもとでは、標準理論の粒子が超対称性粒子に移り変わったり、その逆の反応が起きることは禁止されます。標準理論の粒子から超対称性粒子が生ずるときは、必ず超対称性粒子が2つ、ペアになって作られなければならないのです。超対称大統一理論には、陽子が早く崩壊する（その結果、宇宙に物質が存在しなくなる）という困難がありましたが、Rパリティ不変性を導入することで、そうした困難を避けることができます。

Rパリティ不変性からは、さらに重要な予言が出てきます。それは、最も軽い超対称性粒子は完全に安定であるということです。超対称性粒子が崩壊するときには、必ずもっと軽い超対称性粒子が出てきます。さもなければ、Rパリティは破れることになります。従って、最も軽い超対称性粒子は、もっと軽い標準理論の粒子には崩壊できないので、安定になるはずです。

超対称標準モデルでは、パラメータのとり方にもよりますが、多くの場合、最も軽い超対称性粒子は、フォティーノ($\tilde{\gamma}$)、ズィーノ($\tilde{Z}$)と2種類の中性ヒグシーノ($\tilde{H}$)の混合から作られるニュートラリーノ($\tilde{\chi}^0$)のうち、最も軽いものとなります。このニュートラリーノが、電気的に中性で、弱い相互作用しか働かないので、暗黒物質の非常に有力な候補となるのです。宇宙に漂う暗黒物質を捕まえる実験については、次の章で紹介します。

超対称性発見への期待

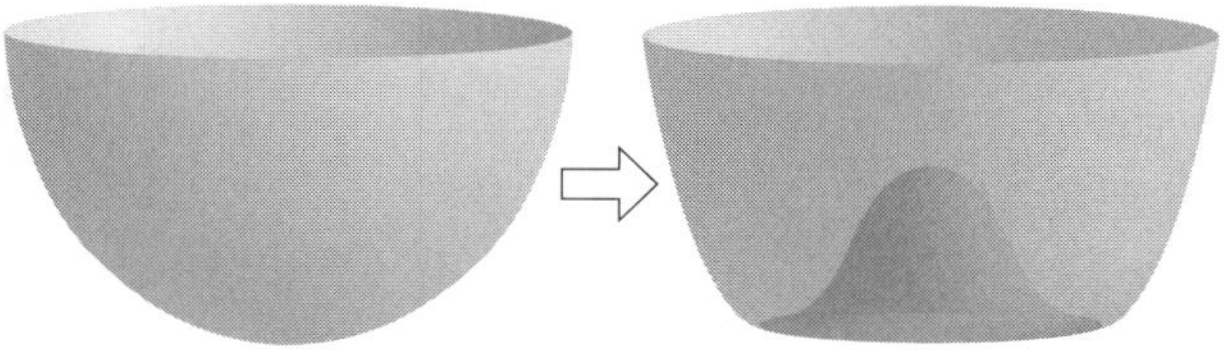

図4.10　ヒッグス場の対称性の破れ
超対称大統一理論は、ヒッグス場の自発的対称性の破れを自然に説明することができる。ビッグバン直後の超高温状態では対称性を保っていたヒッグス場のポテンシャル（左図）が、宇宙が膨張して温度が低くなってくると、対称性が自発的に破れて、標準理論のヒッグス場のポテンシャル（右図）のようになる。

標準理論では、素粒子に質量を与えるヒッグス機構は、第3章の図3・8のような形をしたヒッグス場のポテンシャルを手で入れてやることによって成り立っていました。これが、超対称標準モデルでは、力の大統一を仮定すれば、自然に出てくるのです。

1982年に井上研三たちは、大統一のエネルギースケールで真空のまわりに対称であったヒッグスポテンシャルが、高次補正の効果によって、低エネルギーではワインボトルの底のような形に変化して、対称性が破れるようになることを示しました（図4・10）。

これは、ビッグバン直後の超高温状態では質量のなかった素粒子が、宇宙が膨張して温度が低くなってくると、ヒッグス場のポテンシャルの対称性が自発的に破れ、その結果、素粒子が質量を持つようになったというものです。つまり、素粒子の質量の起源は超対称性（の破れ）にあったということになるのです。

ただし、これが素粒子に質量を与えるヒッグス機構としてうまく働くためには、トップクォークの質量がある程度大きくなければならないという条件も出てきました。それから13年後、実際に発見されたトップクォークは、まさにその範囲に質量を持っていたのです。これにより、超対称大統一理論への期待はさらに高まりました。

超対称標準モデルは、これに力の大統一の仮定を入れたり、超対称性の破れの機構に理論的な仮定を持ち込むなどすれば、パラメータ（未知数）の数を大幅に減らし、理論の予言能力を高めることができます。

これらと、今まで行われた実験からの制限を合わせることによって、超対称性粒子が1TeVのエネルギー領域に存在する可能性が高まってきています。もしそれらが発見されたときは、粒子の質量スペクトルやいろいろな性質から、超対称性の破れの機構の解明へと研究を進めることができ、それは大統一やプランクスケールの物理へと導くものとなるでしょう。

しかし、そのように限定したシナリオで超対称性を探したとしても、必ずしも見つかるとは限りません。超対称標準モデルの数多いパラメータのあらゆる組み合わせで探索することは簡単ではありませんが、できるだけゆるい条件で、理論的偏見なく探す必要もあります。それでも見つからない場合は、超対称標準モデルを拡張する可能性を考える必要もあるでしょう。実際、ヒッグス場を2種類だけでなく、もっと多く導入したり、あるいはまったく別種の新粒子を持ち込んだりするような拡張モデルが、数多く提案されています。

とにかく、大統一やプランクスケールと比べてはるかに低いエネルギー領域で、超対称性が存在しているかどうか、これが目下、ヒッグス粒子発見後の素粒子物理学の、最重要テーマとなっているのです。そしてそれは近々検証可能なのです。そうした実験を次章で紹介します。

第5章

超対称性粒子を探せ

超対称性が、相対論（ローレンツ不変性）を満たす時空を最大限に拡張するものであり、また重力を含むすべての力を統一する万物の理論にとって、なくてはならない究極の対称性であることを前章で見てきました。さらに、ビッグバン直後の超高エネルギー状態で存在していると考えられる超対称性が、もし低エネルギー領域（といっても、現在世界最大の加速器でようやく作り出せる高エネルギーですが）においても存在していれば、素粒子の標準理論に欠けている点を、大きく補うことができます。そのご利益は、階層性問題の解決、力の大統一の実現、暗黒物質の候補を与える、というものでした。そして、暗黒物質のよい候補となっている超対称性粒子を含む一群の新粒子は、すぐ手の届くところにいるはずです。

この章では、超対称性を探す最先端の実験を紹介します。これらの実験が進めば、近々超対称性の発見ということになるか、さもなければ低エネルギー領域での超対称性を否定できそうなところにまで近づいています。まずは、暗黒物質を探す話から始めて、超対称性の間接的な効果を見る実験、そして超対称性粒子を直接作り出して見つける実験という順で進めていきます。

暗黒物質の発見

私たちの地球や太陽系が属する天の川銀河には、太陽のような恒星が約２０００億個あるとい

写真5.1　アンドロメダ銀河（©Adam Evans）

われています。そして宇宙全体では、約１０００億個の銀河が存在していると考えられています。写真５・１は、天の川銀河から約２３０万光年離れたところにあるアンドロメダ銀河です。大きさは直径約20万光年で、きれいな渦巻き状をしています。天の川銀河は直径約10万光年で、やはり渦巻き状をしているようです。

１９７０年代から、こうした渦巻き銀河の回転速度が測られるようになって、大きな謎が浮き彫りになりました。星や星間ガスが放つ光や電波を観測し、そのドップラー効果を見ることによって、銀河中心に対する回転速度が求められるのですが、その計算が合わないのです。ニュートン力学によれば、中心から遠く離れた星はゆっくりと回るはずですが、観測では中心からの距離によらず、銀河上のどの場所もほぼ一定のスピードで回転していたのです。さまざまな銀河に対して回転速度が測られましたが、例外なく同様の結果が得られました。

これを説明するには、光や電波を放つ星などの通常の物質以外に、その約10倍程度の「見えない物質」で銀河全体が覆われていればよいということが分かってきました。じつは１９３０年代から、銀河団中の銀河の軌道速度の観測から、光学的に観測できるよりも桁違いに多くの質量がなければならないとして、「暗黒物質」の存在が言われていたのです。

２００６年、ＮＡＳＡは暗黒物質が存在する証拠をつかんだと発表しました。それは、弾丸銀河団と呼ばれる巨大な銀河団同士が衝突したあとの観測によるものでした。ＮＡＳＡは、ハッブル宇宙望遠鏡が撮影した可視画像に、Ｘ線観測衛星チャンドラが観測したガスの分布と重力レンズで検出された質量分布を重ね合わせてみたのです。

重力レンズとは、一般相対論の効果により、遠くにある銀河からの光が途中にある天体などの重力によって曲げられ、その結果、重力源がレンズのような役割をすることです。この効果を利用して、途中にある天体の質量を推測することができるのです。

このようにして弾丸銀河団に対して求められた質量分布が示していたのは、その周辺には通常の物質よりはるかに大きな質量のかたまりがあることでした。しかもそれが衝突後、通常の物質を置き去りにして先に行ってしまっているように見えるのです。

銀河団が通常の物質よりもはるかに多くの量の暗黒物質で覆われているとすると、弾丸銀河団で起こっていることが非常にうまく説明できます。通常の物質は衝突した際にスピードが減少しますが、暗黒物質は相互作用が弱いので、もとのスピードのまま通り抜けることができるからです。

さらに、暗黒物質は、私たちがこの宇宙に存在するためには、なくてはならないものだとさえ考えられるようにもなってきました。星や銀河が作られるためには、物質が重力によって集まらなければなりません。しかしそのためには、ビッグバンの後、宇宙のエネルギー分布にある程度のばらつきが必要で、まったく一様であってはいけないのです。その非一様性が核となり、エネルギー強度の大きいところに物質が集まって、星や銀河へと成長するからです。

１９８９年に打ち上げられたＣＯＢＥ衛星は、宇宙のマイクロ波背景放射の非等方性（全体に均一ではないということ）の初めての観測に成功しました。マイクロ波背景放射とは、宇宙の全領域（全天）で観測できる微弱な電磁波で、ビッグバンで膨張する前の高温状態だった宇宙の名残と考えられています。

ビッグバン宇宙論の根拠のひとつともなっているこの宇宙マイクロ波背景放射は、それまでは宇宙のどこを見ても、電波の強度がまったく同じで、等方的に見えていました。ビッグバンで作られた高温の輻射（高エネルギーの光子）は、宇宙の膨張とともに冷えてゆき、現在ではマイクロ波（波長が数ミリメートル程度の電波）として観測されています。温度に換算すると、約２・

図 5.1 プランク衛星によって観測された宇宙マイクロ波背景放射のゆらぎ
(©ESA and the Planck Collaboration)

7K(絶対温度2・7度)に相当します。それが約10万分の1という非常に微小な範囲で非等方性が発見されたのです。この非等方性は、宇宙マイクロ波背景放射の温度ゆらぎとも称されます。

COBE衛星が観測した宇宙マイクロ波背景放射の温度ゆらぎは、2001年に打ち上げられたWMAP衛星、さらには2009年に打ち上げられたプランク衛星によって、非常に精密に測られるようになってきました。図5・1はプランク衛星による測定で、温度の違いを濃淡で表わしています。細かいでこぼこがたくさん見られますが、その大きさは2・7Kに比べて約10万分の1程度しかありません。この図は、ビッグバンから約38万年間続いた原子核と電子のプラズマ状態が晴れ上がったときの(つまり原子核と電子が結合して原子となり、光が宇宙を通過できるようになったときの)、宇宙の姿を表わしているのです。

しかし、この宇宙マイクロ波背景放射の非等方性が核になって、物質が重力で集まり、星や銀河ができたと考えたいところですが、話はそううまくはいきませんでした。じつはこの温度ゆらぎの大きさでは、現在の宇宙ができるには不十分なのです。この時点での物質の密度ゆらぎは、観測された温度ゆらぎの約１００倍大きくないと、現在のような宇宙の構造には発展しないことが、計算によって分かっています。宇宙の晴れ上がり以前は、バリオン（原子核）の密度ゆらぎは成長することができないのです。

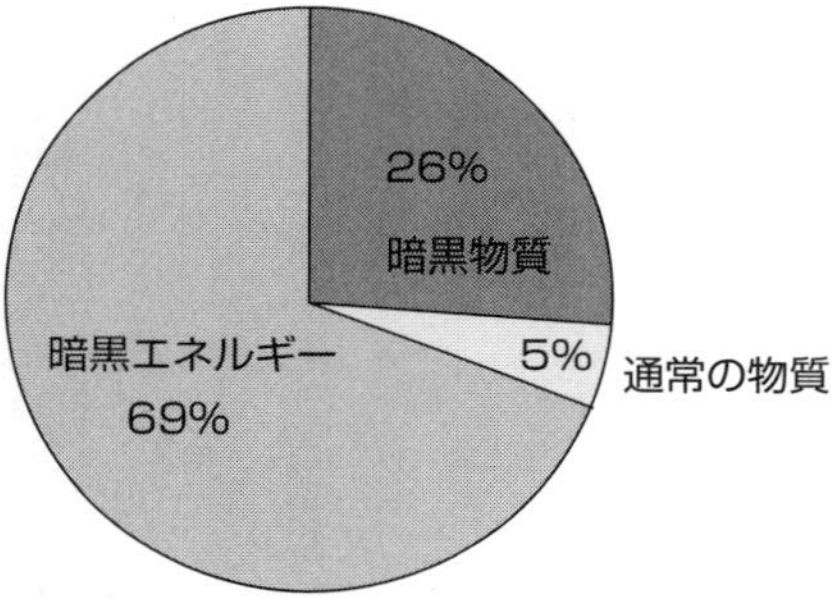

図5.2　宇宙のエネルギー組成

この問題の解決は、暗黒物質によって与えることができます。暗黒物質は、電磁相互作用を（強い相互作用も）しないので、宇宙の晴れ上がり以前のプラズマ状態の中でも、密度ゆらぎを発展させることが可能だからです。これらの観測を総合すると、通常の物質より5倍程度多くの暗黒物質が存在していれば、星や銀河が形成され、現在のような宇宙になることが分かってきました。

図５・２は、宇宙のエネルギー組成を表わしたものです。通常の物質は、宇宙全体の５パーセントしか占めていません。

これに対し暗黒物質の割合は26パーセントもあります。さらに宇宙には、暗黒物質よりも多くの暗黒エネルギーというのがありますが、これも最近の超新星の観測から割り出された、宇宙が加速膨張をしている原因となるもので、その実体についてはまったく分かっていません。暗黒エネルギーに関しては、このあと本書でもう一度触れます。

暗黒物質の正体とは?

さて、では暗黒物質の正体は何でしょう。大きく分けて、２種類の候補があります。ひとつは天文学的な物体で、もうひとつは素粒子です。

天文学的な暗黒物質の候補の代表的なものにはブラックホールです。質量が太陽の30倍以上ある星は、その一生の最後に超新星爆発を起こして、ブラックホールになるといわれています。ブラックホールはほとんど光を発しないので、暗黒物質の候補となるのです。

このほか、中性子星や白色矮星、また惑星なども暗黒物質の候補となっています。これらはみなバリオンでできていますが、光や電波をあまり発せず、どのくらい多く存在しているのかよく分からないので、暗黒物質の候補となっているのです。これらは、ＭＡＣＨＯ（Massive Compact Halo Objectの略）と総称されます。

重力レンズを利用して、背後にある銀河の星を観測することで、ＭＡＣＨＯを探索する試みが行われています。これまでの観測によれば、宇宙の暗黒物質の量を満足するほど十分な数のＭＡＣＨＯはなさそうです。

素粒子のほうの暗黒物質の候補は、ＭＡＣＨＯ（マッチョ）に対して、弱虫を意味するＷＩＭＰ（Weakly Interacting Massive Particlesの略）です。弱い相互作用をする重い粒子ということです。標準理論の中では、ニュートリノがその候補になると考えられます。

写真5.2　スーパーカミオカンデ実験装置
（写真提供　東京大学宇宙線研究所神岡宇宙素粒子研究施設）

ニュートリノは、カミオカンデの後継のスーパーカミオカンデ実験によって、小さいながらも有限の質量を持つことが明らかになりました。スーパーカミオカンデ実験装置は、５万トンの超純水を蓄えたタンクと、その壁面に取り付けられた1万3000本の光電子増倍管からなるものです（写真5・2）。

スーパーカミオカンデ実験が求めたニュートリノの質量値は、暗黒物質の候補となるのに必要なほど大きくはありませんでした。しかもニュートリノは光速に近いスピードで飛び回る「熱い暗黒物質」となるものなので、これは銀河形成には役に立ちません。銀河形成には、あまり速く動かない「冷たい暗黒物質」が必要なのです。

冷たい暗黒物質の候補となる素粒子の代表的なものが、超対称性粒子とアクシオンです。超対称性粒子の話へ進む前に、その対立候補となっている「アクシオン」について簡単に説明しておきましょう。

話の発端は「強いCP問題」です。これは、強い相互作用を記述する量子色力学の理論式には、本来CP対称性を破る項が含まれていることに起因する問題です。しかし実験的には、強い相互作用の反応で、CP対称性が破れている例は見つかっていません。これを解決するため、ロベルト・ペッチャイとヘレン・クインは、新しい対称性を導入することを提唱しました。その対称性はPQ対称性とよばれ、それが大きなエネルギースケールで自発的に破れることによって、強い相互作用のCP対称性が回復されるというものです。そのとき、南部・ゴールドストーンボソンが現れますが、この粒子がアクシオンです。

アクシオンは、ニュートリノとよく似た性質を持っていますが、ニュートリノはフェルミオンで、アクシオンはボソンという違いから、ニュートリノは熱い暗黒物質の候補となり、アクシオンは冷たい暗黒物質の候補となるのです。

アクシオンは、電磁場（光子）とごくわずかに相互作用をします。その大きさはアクシオンの質量に比例するので、アクシオンは軽ければ軽いほど暗黒物質のよい候補となり、「見えないアクシオン」とよばれます。しかし、あまり軽すぎると、宇宙に多くあり過ぎるようになり、観測と一致しなくなります。

強いＣＰ問題と暗黒物質の問題とを同時に解決できるアクシオンを見つけようとする実験が、世界各地で行われています。その代表的な実験手法は、マイクロ波共振器を用いるものです。強磁場中でアクシオンを光子に変換させ、出てくるほぼ単色の（エネルギーのそろった）マイクロ波を検知することによって、アクシオンの存在を立証しようというものです。現在は、アクシオンの質量のごく限られた範囲での探索が行われていますが、これを今後さらに広げていこうとしている状況です。

これに対し、超対称性からは、比較的自然に暗黒物質の候補が出てきます。

自然界が超対称性を持っているとして、それが低いエネルギー領域（１ＴｅＶ前後の領域。ＴｅＶはテラ電子ボルト）で破れていれば、標準理論の階層性問題が解決され、力の大統一も実現できます。これに加えて、陽子が早く崩壊し過ぎないようＲパリティ保存を仮定すると、ＷＩＭ

Ｐの候補はほぼ自動的に出てきます。それがＬＳＰ（最も軽い超対称性粒子、Lightest Supersymmetric Particleの略）です。ＬＳＰの最も自然な候補は、最も軽いニュートラリーノです。

超対称標準モデルでは、ニュートラリーノはフォティーノ（$\tilde{\gamma}$）、ズィーノ（$\tilde{Z}$）、2種類の中性ヒグシーノ（$\tilde{H}$）の混合として4種類出てきます。これらは質量の小さい順に、$\tilde{\chi}_1^0$、$\tilde{\chi}_2^0$、$\tilde{\chi}_3^0$、$\tilde{\chi}_3$と名付けられています。最も軽い$\tilde{\chi}_1^0$がＬＳＰの候補です。

そのほかにも、重力を媒介する重力子（グラヴィトン）の超対称性パートナー（グラヴィティーノ）など、さまざまな可能性が提案されてはいますが、やはり現時点では、ニュートラリーノが暗黒物質候補の大本命といえるでしょう。超対称標準モデルのニュートラリーノの質量は、超対称性の破れのエネルギースケールよりは小さく、数十ＧｅＶ（ギガ電子ボルト）から数百ＧｅＶの間にあると予想されています。

次節では、そのようなニュートラリーノを中心にした探索実験を紹介します。実験結果を理論と比べるには、超対称標準モデルのパラメータを最も少なくした最小超重力モデルが理論予想を立てやすいので、これを例にとることにします。

超対称性暗黒物質を検出する

暗黒物質は、銀河系を埋めつくすようにたくさん存在しているはずなので、地球のまわりにもたくさんあり、私たちの身体の中も暗黒物質がいつも通り抜けていると考えられます。

地球は太陽のまわりを秒速30キロメートルの速度で公転していますが、太陽系自体も銀河系の中心のまわりを秒速２３０キロメートルという猛スピードで回っています。ということは、太陽系や地球からすれば、暗黒物質が風のように吹きつけていることになります。その平均スピードは、光速の約１０００分の１にもなるのです。

ニュートラリーノが暗黒物質であったとすると、その運動エネルギーはかなりの大きさになります。ニュートラリーノは弱い相互作用をするので、ごくまれにですが、物質中の原子核にぶつかって運動エネルギーの一部を原子核に与えます。これを利用して、ニュートラリーノを検出するのです。

原子核がニュートラリーノから得たエネルギーは、光となって放出されたり、他の原子をイオン化（原子中の電子をはじき出す）したり、あるいは熱となって、観測できる信号となります。その効率を上げるには、原子核の質量がニュートラリーノの質量と近いほうが、エネルギーの移行が大きくなって、有利になります。

世界各地で暗黒物質の検出を目指した実験が数多く行われていますが、その先頭を走っているのは、キセノン（Xe）を用いた実験です。原子番号54のキセノンは、100GeV付近の暗黒物質を検出するのに適しています。しかもキセノンは発光量が多く、イオン化の効率もよいので、ニュートラリーノが反応したとき、大きな信号が得られる利点もあります。

実験をしながら目的の物質が存在する質量の範囲をしぼっていくのですが、今のところうまくいっている実験が、XENON100とLUXで、どちらも液体キセノンを使っています。XENON100は、161キログラムのキセノンを使ったイタリアで行われている実験で、LUXは、370キログラムのキセノンを使った米国の実験です。どちらの実験も、すでに理論が予想する範囲に達していますが、まだ暗黒物質らしき信号は見つかっていません。

これらに対し、暗黒物質らしき信号を観測したという報告をしている実験もあります。たとえばDAMAは、ヨウ化ナトリウムの結晶を暗黒物質の検出に用いた実験で、この結晶が持つ、放射線を光に変える性質を利用したものです。地球には暗黒物質の風が秒速230キロメートルのスピードで吹き付けていますが、地球は太陽のまわりを秒速30キロメートルの速度で公転しているので、地球上で観測する暗黒物質の風速は季節によって変動するはずです。すなわち、暗黒物質がヨウ化ナトリウム結晶内で発する光量も季節によって変動するはずです。DAMA実験は、

写真5.3　XMASS実験装置
（写真提供　東京大学宇宙線研究所神岡宇宙素粒子研究施設）

このアイデアを使って数年にわたって観測実験を行った結果、季節変動が見えたという結果を発表しました。

しかし、これとは矛盾する結果を出した実験もあり、またＸＥＮＯＮ１００やＬＵＸによっても棄却されたように見えます。現時点では、暗黒物質の信号が見えたとする実験のほうが、旗色が悪そうです。しかし、互いに矛盾しているように見える実験結果を、理論モデルを拡張することによって説明しようという試みもあります。また実験のほうも、さらに感度の高い大型装置の建設が計画されています。

この競争には、日本からもいくつかの実験が参入しています。中でも最も大掛かりなのが、東京大学宇宙線研究所で進めているＸＭＡＳＳ実験です（写真５・３）。約８００キログラムの液体キセノンを用い、暗黒物質の衝突から出てくる光を642本の光電子増倍管で捕らえようという装置です。スーパーカミオカンデのある神岡の地下実験場に設置されています。2010年に検出器の建設が終了し、試験運転、検出器改良を経て、2013年秋から観測を開始しました。超新星ニュートリノの検出、ニュートリノ振動の発見（ニュートリノが質量を持つことの証明）に続いて、暗黒物質の発見も神岡でできるかどうか、大いに期待されます。

暗黒物質を地球上で直接検出しようという実験以外に、宇宙から来る暗黒物質の信号を捕らえようとしている実験もあります。暗黒物質は、地球や太陽、銀河の中心といった重力が集中している場所に引き寄せられ、密度が高くなっていることが考えられます。その場合、暗黒物質同士が衝突して対消滅を起こし、標準理論の粒子に変わる可能性があります。そこで発生した標準理論の粒子が崩壊して、最終的に観測可能なものは、ニュートリノ、光子、陽電子などです。

まずニュートリノについては、スーパーカミオカンデがよい結果を出しています。とくに数十GeV程度の暗黒物質に対して、対消滅でできるボトムクォーク対（$b\bar{b}$）の崩壊からミューニュートリノ（ν_μ）ができます。それがスーパーカミオカンデ実験装置の水中でミューオンに変わる反応を捕らえることで、検出しようというものです。

同じく高エネルギーのミューニュートリノを検出しようという、キロメートルサイズの実験が2011年にスタートしました。南極の氷の中に建設されたアイスキューブ（IceCube）実験で

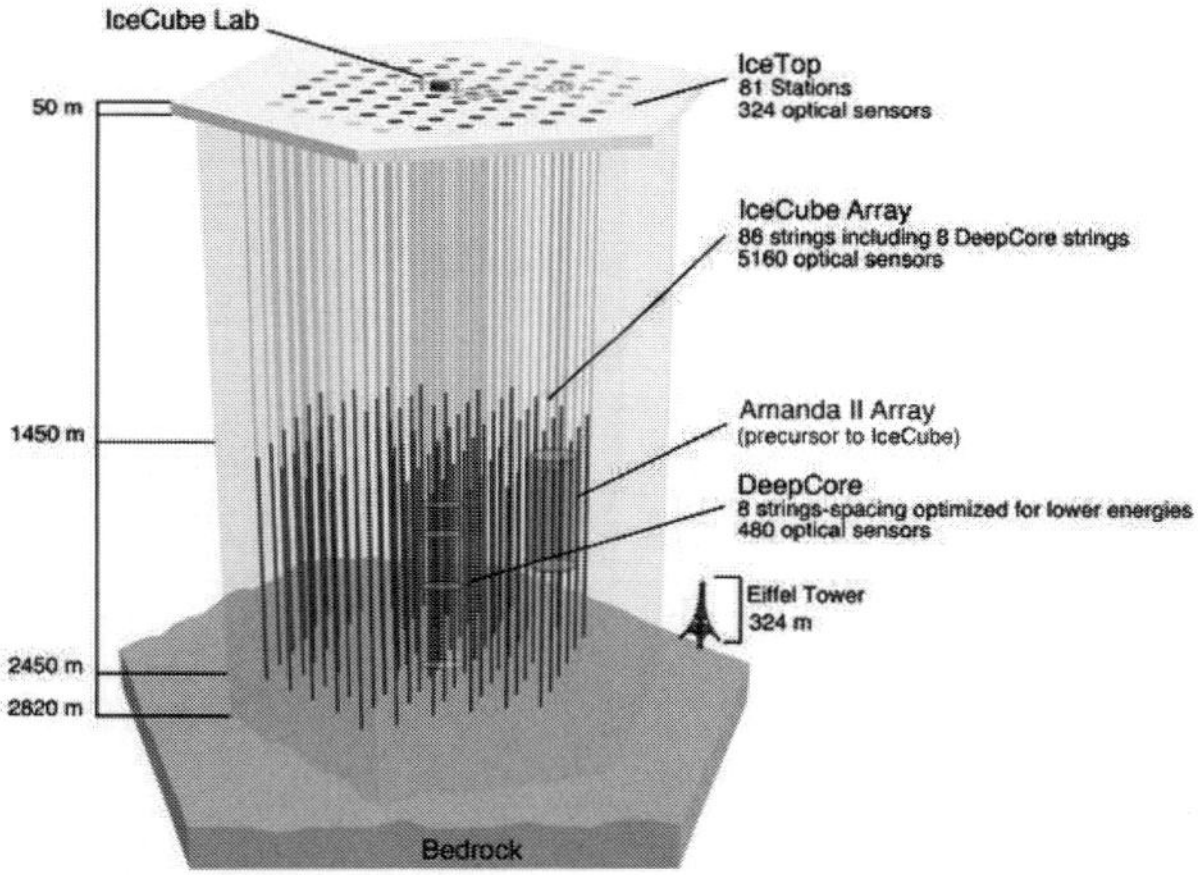

図5.3　南極の氷の中に建設されたIceCube実験装置
（©IceCube Collaboration）

す。図５・３のように、南極の分厚い氷を熱湯で溶かしながら穴を深く掘り、そこにひもに吊るした検出器（ミューオンが氷中で発する光を検出する光電子増倍管）を入れる構造です。ひもは全部で86本あり、約５０００本の光電子増倍管が１５００メートルから２５００メートルの深さに埋め込まれています。

アイスキューブ実験は、比較的高エネルギー領域に強く、数百ＧｅＶ程度の暗黒物質に対し検出効率が優れています。このくらいの質量の暗黒物質の対消滅からは、Ｗボソン対（W^+W^-）が作られ、それらの崩壊からくるミューニュートリノを捕らえるのに適しているのです。この質量領域では、すでにスーパーカミオカンデを上回る結果を出しています。どちらの実験も、最小超重力モデルが予想する領域に近づいているので、今後の進展が期待されます。

暗黒物質の対消滅からは、直接的、あるいは他の粒子崩壊を通して間接的に、ガンマ線（光子）や陽電子（e^+）など反粒子が生成されます。とくに銀河系のハロー（銀河系の見える部分の数倍の大きさで、球状に広がっている領域です）は、通常の物質でできている天体が少なく、ほとんど暗黒物質で占められていると考えられるので、そこから来る信号は比較的見つけやすいのです。

ガンマ線や陽電子の観測で先頭を走っているのは、宇宙空間に設置された検出器です。その代表的なものは、ガンマ線観測用天文衛星に搭載されたフェルミガンマ線宇宙望遠鏡（Fermi-LAT、写真5・4左）と、国際宇宙ステーションに設置されたアルファ磁気分光器（AMS-02、写真5・4右）でしょう。

フェルミガンマ線宇宙望遠鏡は、位置測定精度に優れた半導体検出器を組み込んで、ガンマ線や電子・陽電子のエネルギーを高精度で測定できることが特徴です。アルファ磁気分光器は、J／ψ粒子の発見でノーベル賞を受賞したティンの率いるグループが、加速器実験で用いられる粒子検出器技術を駆使して作り上げた装置です。

以前から気球に搭載したＡＴＩＣ検出器や、ＰＡＭＥＬＡ衛星による測定で、陽電子の数が異常に多いことが報告されていました。フェルミガンマ線宇宙望遠鏡やアルファ磁気分光器は桁違いに優れた精度で、電子と陽電子のエネルギー分布を測定し、陽電子の割合が数十ＧｅＶから数

写真5.4　左・フェルミガンマ線宇宙望遠鏡Fermi-LAT（©NASA/Kim Shiflett）右・アルファ磁気分光器AMS-02（©NASA/JSC）

百ＧｅＶにかけて上昇していることを確認しました。

これは、数百ＧｅＶ程度の質量を持つ暗黒物質からの信号である可能性もありますが、他にも原因が考えられます。たとえば、宇宙空間にはたくさんの高エネルギーガンマ線が飛び交っていることは知られていますが、そのガンマ線がパルサー（超新星爆発後に残った中性子星と考えられています）のような天体が持つ強力な磁場との相互作用で、電子・陽電子対生成を起こしたというものなどです。

これからさらにデータを増やしていき、測定精度が上がり、観測エネルギー範囲も広がり、そして天体起源の信号との識別ができるようになれば、暗黒物質の存在を確証する強力な成果となるでしょう。今後が大いに注目されます。

超対称性の効果を垣間見る

超対称性粒子の質量よりも低いエネルギーの実験で、超対称性粒子の効果を見ることも可能です。そのような間接的に超対称性の兆候を探す実験について紹介します。

第3章で、くりこみ理論と量子電磁力学の話をしました。電子やミューオンは、磁気モーメントと呼ばれる、スピンに起因する磁石のような特性を持っています。その磁気モーメントとスピンを結び付ける係数の中に、g因子と呼ばれる比例定数があります。量子電磁力学の摂動の最低次の計算では、g＝2となりますが、高次の補正項を取り入れると、この値からわずかにずれます。このg因子の2からのずれが、電子に関しては10億分の1以下の精度で実測値との一致をみています。

ところが、ミューオンに関しては、これまでに行われた最も精度の高い測定でも、理論の予測値とのずれが見られたのです。これを測定した実験は、米国ブルックヘブン国立研究所（BNL）のE821実験です（写真5・5）。1周約45メートルの超伝導磁石のリングの中で、スピンをそろえたミューオンを回らせておき、そのミューオンの崩壊からくる電子を捕まえることによって、

写真5.5　米国ブルックヘブン国立研究所（BNL）のE821実験

ｇ因子のずれの値を測定するというものです。測定精度をあげるのには、磁場強度の均一性が求められます。この超伝導磁石の設計には、日本の研究者が大きな役割を担いました。

Ｅ８２１実験は、ｇ因子のずれを理論計算と同じく、１００万分の１以下の精度で測定しました。しかし、その値は理論計算値とは3～４σほどずれていたのです（σは標準偏差を表わしています）。3～４σというのは、理論計算の中の細かな補正がやり方によって多少異なるので、そのばらつきの範囲を示しています。３σというのは、99・7パーセントの確率でずれているとみなせるということです。これほど高い確率なら、もう大丈夫と思うかもしれませんが、確かに発見したといえるには５σ（確率でいうと99・９９９９パーセント以上）必要とされます。

ミューオンのｇ因子のずれがもし本物であったとすると、それは新しい物理があることを示しています。それがもし超対称性であったとすると、ミューオンが崩壊する前に一時的に超対称性粒子に変わる過程が高次補正に入ってきます。その結果は超対称性粒子の質量に依存することになるので、実験値と合わせるようにすると、超対称性粒子の質量は、数百ＧｅＶ程度ということになるのです。

Ｅ８２１実験は２００１年に終了しましたが、この実験の重要性が最近高まってきたため、さらに高精度の測定をめざした実験が計画されています。Ｅ８２１実験の超伝導磁石を米国のフェルミ国立加速器研究所に運び、そこの強力なミューオンビームを使って、測定精度を高めようというものです。また日本でもＥ８２１実験を超える実験計画が進められています。３σの「兆候」から５σを超える発見となるか、あるいはずれが消えてしまうのか、早ければ数年のうちに決着がつけられることでしょう。

ミューオンのｇ因子のずれ以外にも、超対称性などの新物理が見える可能性のある過程がいくつも研究されています。その主なものは、ボトムクォーク（ｂ）が光子を放出してストレンジクォーク（ｓ）に変わる過程（$b \to s\gamma$）、ミューオンが光子を放出して電子に変わる過程（$\mu \to e\gamma$）、ボトムクォークとストレンジクォークから作られるメソンB_sがミューオン対に崩壊する過程（$B_s \to \mu^+\mu^-$）などです。これらはどれも高い精度で測定されていますが、標準理論の予測とずれを示しているものはありません。

このように高次の補正を通して、間接的に新物理の存在を探る実験からは、新物理が存在する領域に対する制限が出てきます。超対称標準モデルは、標準理論のパラメータを除くと、１０５個の新しいパラメータを持っています。高精度の測定実験は、これらの多くのパラメータ同士の関係に、非常に強い制限を与えます。超対称性の破れ方に理論的な仮定を入れてパラメータを減らすモデルは、このような実験からくる制限を満たすようなものでなければなりません。

最小超重力モデルは、パラメータを5つしか持たない、最も単純化されたモデルのひとつです。このモデルで見ると、ミューオンg因子以外の間接的な新物理探索実験からは、超対称性粒子の質量は比較的高いことを示しています。これに対し、ミューオンg因子の実験と、宇宙に存在する暗黒物質（ニュートラリーノ）の量は、超対称性粒子の質量が比較的低いことを示唆しています。その両者が指し示している領域は、ＬＨＣ実験でじゅうぶんカバーできる範囲にあります。

ＬＨＣ実験は、ヒッグス粒子の発見と、標準理論を超える新物理の探索を目的とした実験です。ＬＨＣ実験による超対称性粒子の直接探索の話に入る前に、まずＬＨＣで発見されたヒッグス粒子についても触れることにします。それはヒッグス粒子からも、間接的に超対称性に関する重要な情報が得られるからです。

発見されたのは超対称性ヒッグス粒子か？

２０１２年にＬＨＣ実験によって発見されたヒッグス粒子は、これまでの測定では、標準理論の予測通りの性質を持っているように見えます。しかし、超対称標準モデルから出る５つのヒッグス粒子（h、H、A、$H^{\pm}$）のうちの最も軽いもの（h）であるのかもしれません。

高次補正を入れない計算では、ｈの質量はZ^0粒子の質量（91ＧｅＶ）よりも軽く、他の４つのヒッグス粒子はそれより重いことが知られています。そして、重い４つのヒッグス粒子の質量はほぼ同じ大きさとなります。その質量が大きくなればなるほど、ｈは標準理論のヒッグス粒子とよく似てくるのです。

ｈの質量の上限値（91ＧｅＶ）と、実際に発見されたヒッグス粒子の質量（１２５ＧｅＶ）の違いは、どう考えたらよいでしょう。それは、高次補正を入れることによって理解できます。階層性問題のところで述べたように、ヒッグス粒子の質量の高次補正は、トップクォークや、そのスクォークであるストップクォークなどの質量で決まっています（第３章図３・16と第４章図４・３）。その計算によると、ストップクォークの質量がトップクォークの質量に比べて大きくなるにしたがい、ヒッグス粒子の質量が大きくなるのです。観測されたヒッグス粒子の質量を説明するには、単純な超対称性モデルでは、ストップクォークの質量値が数ＴｅＶ以上あることになります。

これは、最小超重力モデルに代表されるような、パラメータの少ない単純なモデルに大きな制限を与えることになりました。そのようなモデルでは、異なる超対称性粒子の質量に関係がついています。ストップクォークが重いということは、他の超対称性粒子も重くなり、暗黒物質やミューオンｇ因子実験などから期待される、超対称性の存在する領域がほとんどなくなってしまうのです。

さらに、階層性問題の解決にほころびが出そうなことも気になります。エネルギースケールの大きなギャップを、超対称性を導入して埋めるということは、超対称性粒子の質量が対応する標準理論の粒子の質量とあまり異なっていない、つまり対称性はほぼ成り立っていることを想定しています。もし超対称性粒子の質量が数十倍以上も離れていたら、それは新しい階層性問題が生じたということになるでしょう。これは「小さな階層性問題」と呼ばれることがあります。十数桁の違いと比べればわずかですが、それでも「不自然な」パラメータのチューニングをしなければならないのは、気持ちがよくないのです。

小さな階層性問題を避け、「自然さ」を守るには、超対称性粒子の質量以外のパラメータをうまく調整すれば、まだ単純なモデルでも生き残れる領域は残されています。また、これらの単純なモデルに新たな粒子を導入して解決する方法や、新たな超対称性の破れの理論に基づいたモデルも提唱されています。

それとは逆に、理論的な仮定をできるだけ抑えた現象論的なモデルに基づく探索も行われています。超対称標準モデルが持つ１０５個のパラメータは多すぎるので、これまでの実験的な制限を活かし、かつ理論的な仮定はできるだけ入れずに、パラメータを20個程度にしたモデルで、包括的に超対称性の存在する範囲を狭めていこうというやり方です。

「自然さ」があるかどうかにかかわらず、超対称性粒子がＴｅＶ領域に存在するかどうかは、直接探索によって決着がつけられます。それは一方では、すでに述べた宇宙に存在する暗黒物質の検出ですが、より直接的なのは、超対称性粒子を実際に作り出して発見しようというＬＨＣ実験なのです。

その話へ行く前に、ちょっと寄り道して、超対称性でないヒッグス粒子について触れておきたいと思います。

超対称性ヒッグス粒子は、標準理論の粒子と同じく、基本的な粒子と考えられています。これに対し、ヒッグス粒子が基本的粒子ではなく、より小さな粒子からなる複合粒子であるとする理論もあります。そのような複合粒子モデルの多くは、ＴｅＶ領域に新しい複合粒子群の存在を予言します。ＴｅＶ領域は新しい物理法則によって支配されるので、階層性問題はとりあえずなくなります。

複合粒子モデルで、ヒッグス粒子の質量を小さくする機構は、理論によってさまざまですが、ＴｅＶ領域に新粒子群があって１２５ＧｅＶ程度の軽いヒッグス粒子を出すのは、かなり厳しくなっている状況です。また、ＴｅＶ付近の新物理は１００ＧｅＶ領域においても間接的な兆候を見せることがあります。ＬＥＰ実験は、そのような間接的な探索も行いましたが、まったく兆候は見られませんでした。その結果は、新物理が存在するエネルギー領域を高めることになっていたのです。

１２５ＧｅＶのヒッグス粒子を出せるような複合粒子モデルは、かなり制限されてきていますが、ＬＨＣ実験は残されたほとんどのモデルを検証できると期待されています。

では、超対称でもなく、複合粒子でもないヒッグス粒子というのはあるのでしょうか。それはまさに標準理論のヒッグス粒子そのものということです。その場合、階層性問題の解決は当面あきらめるしかありません。階層性問題を忘れるとすると、では標準理論はどこまで正しいのだろうかということが気になります。

高次補正まで含めて標準理論が成り立つ範囲は、トップクォークの質量とヒッグス粒子の質量によって決まることが知られています。図５・４（左側）のグレーの領域①と②は、標準理論が成り立たないトップクォークとヒッグス粒子の質量の組み合わせです。

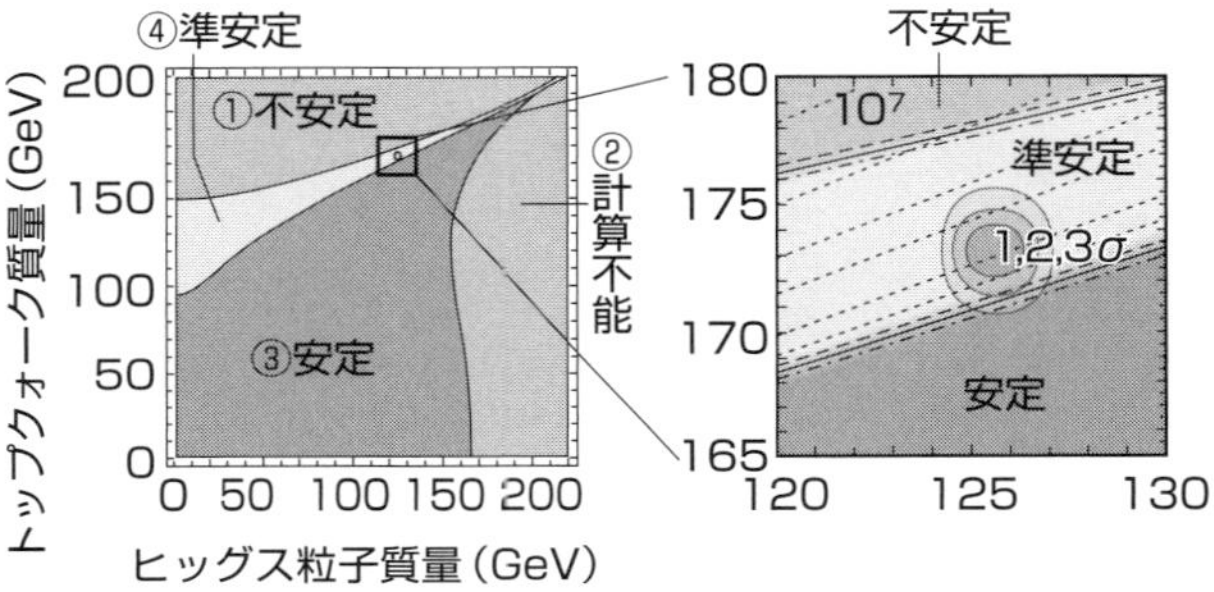

図 5.4　標準理論が成り立つトップクォークの質量（M_t）とヒッグス粒子の質量（M_h）の範囲

右図は、左図のM_tとM_hの測定値の点付近の領域を拡大したもの。G. Degrassi他、JHEP08（2012）098より転載。

図の①の領域は、ヒッグス場が作る真空の状態が不安定で、現在のような宇宙は存在できません。図の②は、プランクスケールに達する前に、標準理論の計算が発散して計算不能となる領域です。濃いグレーの部分③は、真空が安定でプランクスケールまで標準理論が破綻しない領域です。そして、真空が安定な③の領域と不安定な①の領域にはさまれた部分④が、真空が準安定となるところです。

準安定な真空状態は、完全には安定でないので、いずれ真空状態が変わってしまい、現在のような宇宙ではなくなってしまいます。しかし、その寿命が宇宙年齢（138億年）よりも長ければ、問題はありません。この領域④は、現在私たちがこの宇宙に存在していることとは矛盾しないので、許される領域になります。ただし、この領域の中の位置によって、標準理論の成り立つエネルギー領域が限定され、プランクスケールまでは成り立たなくなります。

この図で、トップクォークとヒッグス粒子の質量の測定値に対応する点のあたりを拡大したのが右側の図です。実測値がじつに微妙な位置にあることが見てとれるでしょう。図の内側から順に1σ、2σ、3σの曲線は、測定値に対するそれぞれの誤差を表わしています。測定値の位置は、標準理論は10^{12}GeVあたりまでしか成り立たず、しかも真空は準安定であるというものです。しかし$2\sim3\sigma$の誤差の範囲で、標準理論はプランクスケールまで成り立ち、真空も安定である可能性もあります。

標準理論がプランクスケール近くまで成り立っているかもしれないという可能性は、宇宙論との新たなつながりをもたらすことになるでしょう。ひとつの例がインフレーションです。

宇宙のインフレーションとは、宇宙がそのごく初期に指数関数的な急膨張(インフレーション)を起こしたという理論モデルです。１９８１年に佐藤勝彦やアラン・グースによって提唱されたこのモデルは、ビッグバン理論のいくつかの問題を一挙に解決することができました。また最近のＷＭＡＰ衛星などによる宇宙マイクロ波背景放射の観測も、インフレーションモデルとよく一致する結果を出しています。

宇宙のインフレーションがどのようにして起こったのかは、現在まったくの謎ですが、もし素粒子物理と関係づけるとすると、それはインフレーションを引き起こす場が存在することになります。その場から出る粒子はインフラトンと呼ばれます。インフラトンは、ヒッグス粒子と大変よく似た性質を持っています。インフラトンはスカラー粒子で、真空の対称性を自発的に破り、空間の性質を変えるとされます。

最近の超新星の観測から、現在の宇宙が加速膨張していることが明らかになりました。その原因も謎で、「暗黒エネルギー」と呼ばれていますが、インフレーションとよく似ています。したがって、インフラトンと似たような粒子が関与しているのかもしれません。

もし標準理論がプランクスケール近くまで成り立っているのならば、ヒッグス粒子とインフラトンが同じ粒子であってもよいとする可能性が最近指摘されています。ヒッグス粒子は、宇宙のビッグバンと同時に誕生し、空間（真空）の性質を変えてインフレーションを起こし、その100ピコ秒（100億分の1秒）後に再び空間の性質を変えて素粒子に質量を与え、そして現在もまだ宇宙を加速膨張させているのかもしれません。

このように大きな可能性を秘めたヒッグス粒子を詳しく調べる研究に、今後大きな期待がかかっています。ヒッグス粒子は、超対称性への道を開くのか、原子・原子核・核子・クォークと続いてきた物質の階層構造をさらにもう一段深めるのか、あるいは宇宙のインフレーションに直結してしまうのか、私たちは今その岐路に立っているのです。

超対称性粒子を作り出す

理論が予測する新粒子の存在は、間接的な効果で探る方法も重要ですが、やはり直接的に見つけるのが確実な方法です。なかでも、エネルギーが十分高い加速器を用いて人工的に新粒子を作り出し、それを発見するのが最も確かです。加速器実験では、さらに新粒子をたくさん作ることによって、その性質を詳しく調べることも可能です。

超対称性が理論的に現実味をおびはじめた１９８０年代から、すでに加速器実験による超対称性粒子探索が開始されました。図５・５に、１９８０年以降に最高エネルギーを目指して建設されたコライダー（衝突型粒子加速器）をまとめました。

衝突する粒子は、レプトン（電子・陽電子）とハドロン（陽子・反陽子）に分けられます。ハドロンは加速しやすく、高いエネルギーが得やすいかわりに、複合粒子なので、衝突事象（粒子と粒子が衝突して、そこから多くの粒子が飛び出してくる反応のことをこう呼びます）が複雑になり、解析しにくいという特徴があります。それはハドロンがクォークとグルーオンでできているため、多くのクォークやグルーオンが同時に反応を起こし、本当に観測したい反応（たとえばクォークとクォークとの反応）を覆いつくしてしまうためです。

コライダー	研究所（国）	稼動期間	衝突粒子	最高ビームエネルギー	全長
PETRA	DESY（西ドイツ）	1978-1986	電子・陽電子	23 GeV	2.3 km（円型）
PEP	SLAC（米国）	1980-1990	電子・陽電子	15 GeV	2.2 km（円型）
Sp$\bar{p}$S	CERN（欧州）	1981-1990	陽子・反陽子	4500 GeV	6.9 km（円型）
TRISTAN	KEK（日本）	1987-1995	電子・陽電子	32 GeV	3 km（円型）
LEP	CERN（欧州）	1989-2000	電子・陽電子	105 GeV	27 km（円型）
SLC	SLAC（米国）	1989-1998	電子・陽電子	50 GeV	1.5 km（直線型）
HERA	DESY（西ドイツ）	1992-2007	電子・陽子	30 GeV(e), 920 GeV(p)	6.3 km（円型）
Tevatron	Fermilab（米国）	1987-2011	陽子・反陽子	1 TeV	6.3 km（円型）
LHC	CERN（欧州）	2009-	陽子・陽子	4 TeV（→7 TeV）	27 km（円型）

図5.5　1980年代以降に活躍した世界の高エネルギーコライダー（衝突型粒子加速器）

粒子同士の衝突エネルギーはビームエネルギーの2倍（HERA以外）となる。

一方レプトンは、（複合粒子ではなく）素粒子なので、ハドロンとは相補的な特徴を持っています。ここにあげたどのコライダー実験でも、超対称性粒子を直接作り出して発見しようという研究が行われてきました。

電子－陽電子コライダーでは、これまで最高エネルギーを生み出したのはヨーロッパのＣＥＲＮ（欧州原子核研究機構）で作られたＬＥＰです。２００ＧｅＶを超える衝突エネルギーを達成しました。これに対し、ハドロンコライダーでは、米国の陽子－反陽子コライダー、テバトロン（Tevatron）が、衝突エネルギー２ＴｅＶで最近まで運転していましたが、現在ではＣＥＲＮの陽子－陽子コライダーＬＨＣが世界唯一の高エネルギーコライダーとして活躍しています。ＬＨＣは２０１０年に衝突エネルギー７ＴｅＶで運転を開始し、２０１２年には衝突エネルギーを８ＴｅＶに上げて運転しました。２０１５年からは衝突エネルギーを13ＴｅＶに高め、最終的には設計値の14ＴｅＶにする計画となっています。

ＬＥＰを用いた実験は、バックグラウンドが少ないという電子－陽電子衝突の特徴を活かした新粒子探索を行いました。超対称性ヒッグス粒子の探索も行われましたが、有意な信号は得られませんでした。

超対称標準モデルに現れる超対称性粒子は、カラー荷を持つものと持たないものに大別できます。グルイーノ（$\tilde{g}$）とスクォーク（$\tilde{q}$）がカラー荷を持つ超対称性粒子で、他のスレプトン（$\tilde{l}$）やニュートラリーノ（$\tilde{\chi}^0$）やチャージーノ（$\tilde{\chi}^{\pm}$）はカラー荷を持たない粒子です。チャージーノは、荷電ウィーノ（$\tilde{w}^{\pm}$）と荷電ヒグシーノ（$\tilde{H}^{\pm}$）の混合から作られる粒子です。グルイーノやスクォークは強い相互作用をするため、超対称標準モデルに含まれるほとんどの理論モデルでは、カラー荷を持たない超対称性粒子と比較して大きな質量を持っています。

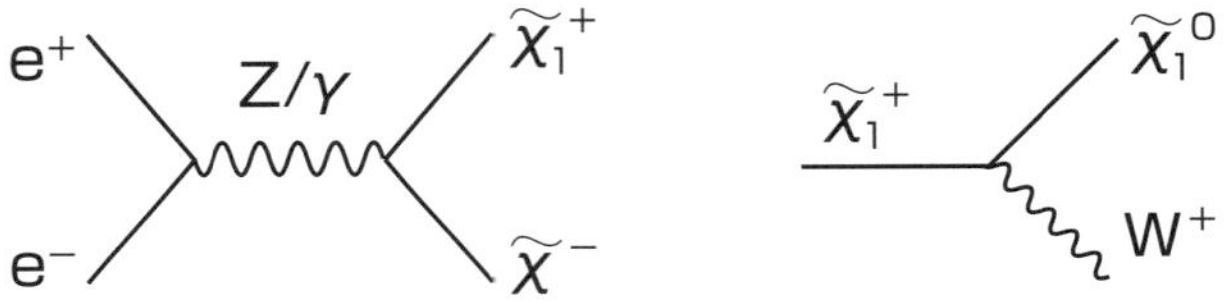

図5.6 **LEP実験でのチャージーノ探索**
電子-陽電子衝突からチャージーノ対が生成される過程のファインマン図（左）。生成されたチャージーノはただちにニュートラリーノとW粒子に崩壊し（右）、W粒子はレプトン対あるいはクォーク対に崩壊する。

これらの性質と、2種類のコライダーの特徴から、グルイーノとスクォークの探索には、より高エネルギーを生み出せるハドロンコライダー実験が適しており、カラー荷を持たない超対称性粒子の探索には、バックグラウンドが少なくきれいな事象の研究を行える電子-陽電子コライダー実験が適していると言えます。

LEP実験でのチャージーノ探索には、図5・6のような過程が使われました。電子と陽電子が衝突したとき、もしチャージーノの質量がビームエネルギーよりも小さければ、チャージーノ対を発生することができます。生成されたチャージーノは、ただちにニュートラリーノとW粒子に崩壊し、W粒子もレプトン対あるいはクォーク対に崩壊します。最も軽いニュートラリーノ（$\tilde{\chi}_1^0$）は暗黒物質の候補の粒子で、検出器には痕跡を残しませんが、電子－陽電子コライダー実験では反応の始状態（電子と陽電子のエネルギーと飛んでくる方向）がはっきり決まっており、バックグラウンドもほとんどないため、検出器で捕らえたW粒子の情報から、$\tilde{\chi}_1^0$についての情報も引き出すことができるのです。

ＬＥＰ実験では、チャージーノ以外にも、さまざまな過程で超対称性粒子の探索が行われました。しかし、最高衝突エネルギーの運転でも超対称性粒子が生成された兆候は見つかりませんでした。テバトロンは陽子－反陽子コライダーなので、主にクォークと反クォークの衝突から生じる超対称性粒子の探索が行われましたが、ここでも兆候は見られませんでした。

ＬＨＣは陽子－陽子コライダーなので、陽子に含まれるグルーオンあるいはクォークとの組み合わせの衝突から生成される、グルイーノやスクォークの探索に感度が高くなっています。

しかし、陽子－陽子衝突では、超対称性粒子の生成に関与するグルーオンやクォーク以外の多数のパートン（陽子を構成するクォーク、反クォーク、グルーオン）がバックグラウンドとなって、グルイーノやスクォークからの信号をうずめ、観測しにくくしてしまいます。これに加えて、電子－陽電子コライダー実験とは異なり、超対称性粒子の生成に関与したグルーオンやクォークのエネルギーが分からないという不定性があります。また、グルイーノやスクォークは何段階かの崩壊過程を経て、最終的には多数のハドロンジェット（高エネルギーのクォークやグルーオンは、ほぼ同じ方向にそろって出る多数のハドロンとして観測されます）と、ニュートラリーノ

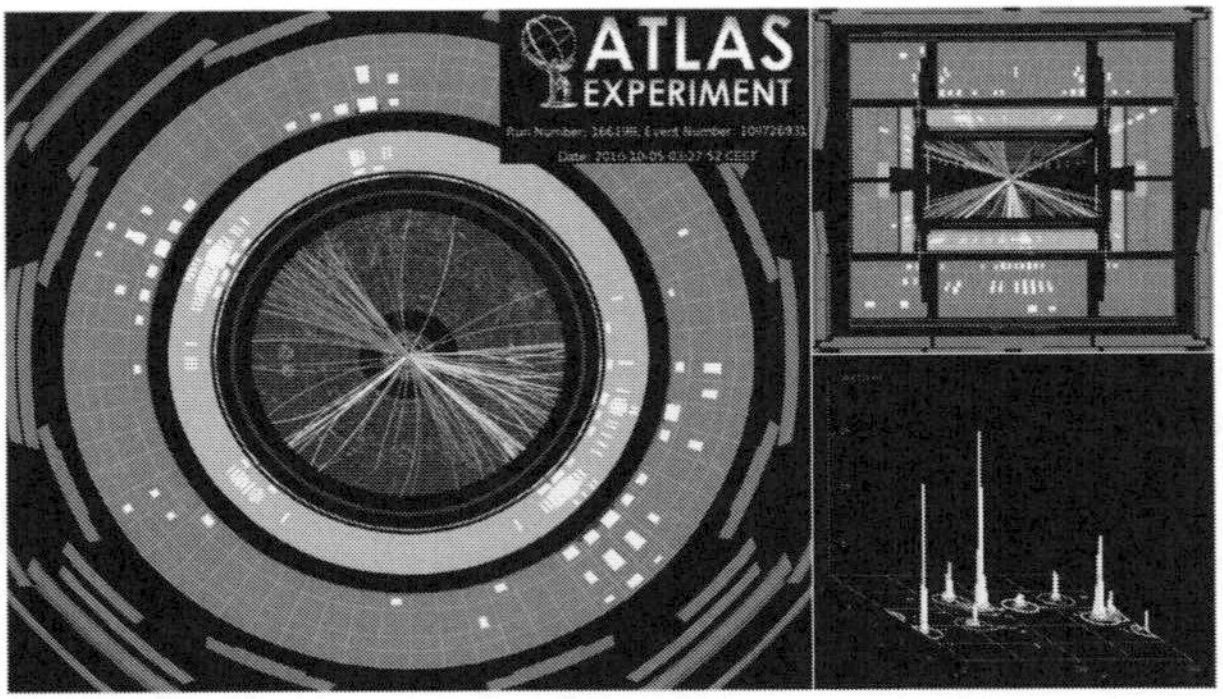

図 5.7　ATLAS実験で観測された多数のハドロンジェットを含む事象（ATLAS実験提供）

（$\tilde{\chi}_1^0$）になります。

多数のハドロンジェットを含む事象は、超対称性粒子以外からも生じます。図５・７は、ＬＨＣが行う２つの実験のうちのひとつ、ＡＴＬＡＳ実験によって観測された、そのような事象の一例です。図の左は、事象を陽子ビーム軸と垂直な平面に投影したもので、右上は、ビーム軸を含む平面に投影したものです。右下は、ビーム衝突点を中心として円筒面上に、観測された粒子のエネルギーをプロットした図です。これから、粒子がいくつかの山（これがハドロンジェットです）のようになって出ているのが分かるでしょう。こういった事象は、量子色力学の予測とよい一致を示しています。

このような標準理論（量子色力学など）から予測される事象と超対称性粒子の事象とを識別する決め手のひとつは、ニュートラリーノ$\tilde{\chi}_1^0$の存在です。$\tilde{\chi}_1^0$は検出できないので、観測された候補の事象に、エネルギーのアンバランスがあるかどうかで判断できます。他にも、超対称性粒子に特徴的なさまざまな条件を課して、信号とバックグラウンドを識別するようにします。

ＬＨＣでは、これまでのところ、まだ超対称性粒子が生成された兆候はつかめていません。この他ＬＨＣでは、ストップクォークに限定した探索や、カラー荷を持たない超対称性粒子の探索など、さまざまな角度からの研究が続けられています。加速器と検出器の性能をさらに高める計画も、同時に進められています。ＬＨＣ実験は２０３５年頃まで続けられる予定で、超対称性の探索領域は最終的には現在の２倍以上にまで広がる見通しとなっています。

追い詰められた〝自然な〟超対称性

超対称性がＴｅＶ領域で破れていれば、標準理論の階層性問題を自然に解決することができ、力の大統一を実現でき、さらに暗黒物質のよい候補となる粒子も出てきます。また、ミューオンｇ因子の測定結果も、ＴｅＶ領域に超対称性粒子が存在していることを示唆しているように見えます。しかし、これらを満足するような、パラメータ数の少ない単純な理論的モデルは、ＬＨＣ実験などによってかなり厳しくなってきているといえるでしょう。

理論的な方向としては、単純な（しかし理論的にはきれいな）モデルに、何か新しいものを少し加えて、理論的予測と実験との差を縮める多くの試みがなされています。その一方では、超対称標準モデルの105個のパラメータ空間の範囲内で、すべての実験結果と矛盾しない領域を、できるだけ理論的な仮定を少なくして探そうという、ボトムアップ的な手法による探索も検討されています。

現在行われている、あるいは計画中の暗黒物質の探索実験や、LHC実験を今後進めていくことで、最終的には階層性問題を自然に解決するような超対称性の存在の有無について断定できるようになるのでしょうか。現在動いている実験では、超対称性が完全にないと言い切ることは難しいかもしれません。その次のステップとして、現在のLHCのエネルギーよりもっと高いエネルギーのハドロンコライダーの建設が可能であれば、超対称性だけでなく、新しいエネルギー領域の開拓という意味でも、非常に魅力的です。

その一方、ハドロンコライダーと相補的な電子－陽電子コライダーで、LEPより高いエネルギーを実現できれば、暗黒物質の候補の粒子をはじめとするカラー荷を持たない超対称性粒子の探索で大いに力を発揮できるでしょう。現在日本に誘致が検討されている国際リニアコライダー（ILC）計画は、LEPより数倍高い衝突エネルギーを実現しようとしています（図5・8）。計画初期ではヒッグス粒子を大量に生成して、その性質を精密に調べることを行い、次の段階で

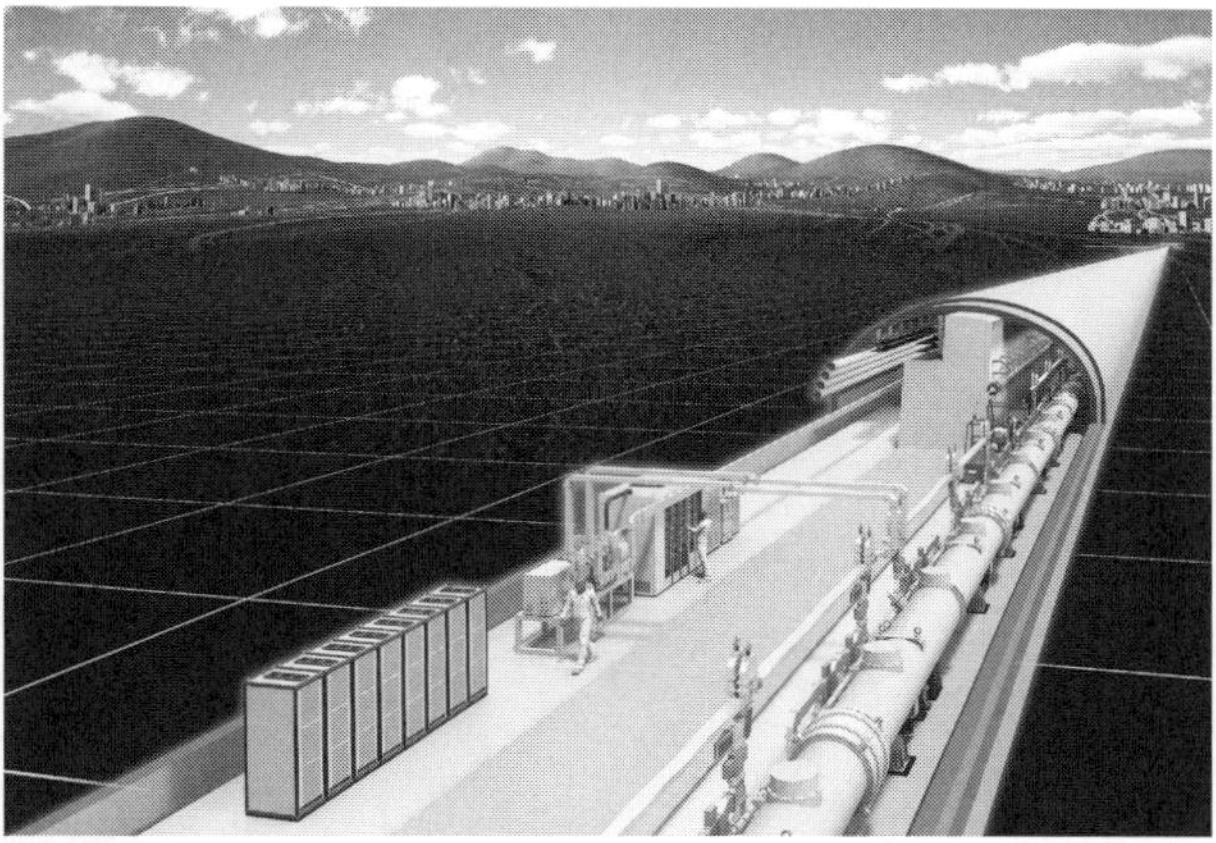

図 5.8　全長30kmを超える地下トンネル内に建設が計画されている国際リニアコライダー（ILC）の完成予想図（©Rey.Hori）

衝突エネルギーを上げていき、超対称性などの新物理の探索を行う計画となっています。その実現が大いに期待されます。

超対称性の概念が作られてから、ＬＨＣ実験が始まるまでに、40年以上の歳月が経ちました。ヒッグス粒子は、理論的な誕生から数えて、発見されるまでに48年かかりました。その間いろいろな実験によって、次第に制限が強くなっていき、追い詰められて、最後に標準理論に残されたわずかな領域でやっと見つけられました。その質量値はじつに微妙な値で、標準理論としても、それを拡張する理論としても、存在できるパラメータ空間の隅のほうにいるように見えます。その理由は、標準理論を超える理論が作られて初めて明らかになるでしょう。

超対称性の場合は、ヒッグス粒子と状況が異なる部分もありますが、やはりパラメータ空間の中で、自然に見える領域はかなり探索され、生き残っているところは辺境の地に追いやられているようにも見えます。超対称性も、ヒッグス粒子と同様に、そろそろ顔を出そうとしているのかもしれません。

標準理論は多くの物理学者によって、長い年月を経て完成されました。その中で、大きな役割を果たした2人の物理学者の言葉を並べて紹介して、本書を終えようと思います。

一人目は、ディラックです。近年の物理学者の中で、ディラックほど数学的美しさを信奉した人はいないかもしれません。「物理法則は数学的に美しくなければならない」「世界の創造に、神は美しき数学を用いた」「方程式の中に美しさがあるほうが、それを実験に合わせるようにすることよりも重要だ」などという言葉を残しているほどです。

もう一人は、ファインマンです。彼には多くの語録がありますが、理論と実験についてこういう言葉を残しています。「あなたの理論がどんなに美しいかとか、あなたがどんなに賢いかなどは問題じゃない。実験と合わなければ、それは間違いなのだ」

超対称性は、どうなのでしょう。

おわりに

本書の原稿を書き始めてから、まる2年が経ってしまいました。当初の計画では、1年以内に完成させる予定でした。それはＬＨＣの13ＴｅＶの運転が開始される前の出版を目指したからです。

しかし、身辺の変化などいろいろなできごとが重なり、脱稿したときには、13ＴｅＶでの1年目の結果が出ていました。ただ、それまでの8ＴｅＶでの結果をやや上回る領域での超対称性粒子探索はできましたが、まだデータ量が少なく、これからの数年が楽しみという状況だったのは幸いでした。原稿校正中に重力波発見のニュースが飛び込んできましたが、超対称性粒子が発見される前にぜひ出版したいという望みはかなえられました。

途中幾度もくじけそうになり、書き続けるのをあきらめようと思ったこともありましたが、それを粘り強く励まし続けてくださった講談社ブルーバックスの篠木和久さんには、どんなに感謝してもしきれません。そもそもこの本を書く話を持ってきてくださったときから、最後の最後まで本当にお世話になりました。

それからもうひと方、林田美里さんには、まるで大学生向けの講義ノート風だった最初の原稿を、やさしくかみくだいて説明する手助けをしていただきました。長年勤めた東京大学を定年退職したら、原稿に手を入れようと計画していたところに、思いがけず高エネルギー加速器研究機構から再就職のお話があり、これを引き受けてしまったため、自分で自分の首を絞めるようなことになってしまいました。もしこの時期に林田さんの手助けが得られていなかったら、本書執筆に対する私の熱意が持続していたかどうか、定かではありません。林田さんには深く感謝いたします。

本書の内容の一部は、毎年正月に東京大学小柴ホールで開催されている新春特別講義「高校生と社会人のための現代数学・物理学入門講座」で講演した内容をもとにして、まとめたものです。この新春特別講義は、四日市大学関孝和数学研究所の上野健爾さんを中心とする4人の数学者（上野さんと、桂利行さん、徳永浩雄さん、清水勇二さん）と一緒にやらせていただいていますが、本書を書く上でも大変参考になるお話をうかがうことができました。この場をお借りして、お礼申し上げます。

私が定年を迎えるほぼ1年前に（本書の原稿を書き始めた直後です）、父（廣道）は急に病を発し、数ヵ月後にこの世を去りました。原稿を書き進めながら、父と最後の時間を一緒に過ごすことができたのは、多くの方の支えによるものです。その時間の中で、父がしてきたこと、それまで知らなかった面や知人関係などについて見聞きし、多くを学ぶことができました。この経験が本書に反映されていなければ、それは私の不徳のいたすところです。本書を父に捧げたいと思います。

父は、若い頃から趣味で俳句をたしなんでおりました。父が残した最後の句を、読者の皆様にご紹介して、筆を置きます。

風薫る　津波のあとや　九十九里　（子浪）

小林富雄

２０１６年３月

参考図書

本書を書く上で参考にした本や、素粒子の標準理論について解説した本などについて、以下に挙げます。かなり難易度の高いものも含めましたが、手に取ってながめてみるだけでも雰囲気がつかめるかと思います。

『スピンはめぐる』朝永振一郎、みすず書房
『クォーク（第2版）』南部陽一郎、講談社ブルーバックス
『ヒッグス粒子の謎』浅井祥仁、祥伝社新書
『神の素粒子ヒッグス』小林富雄、日本評論社
『ヒッグス粒子の見つけ方』戸本誠・花垣和則・山崎祐司、丸善出版
『学んでみると素粒子の世界はおもしろい』陣内修、ベレ出版
『暗黒物質とは何か』鈴木洋一郎、幻冬舎新書
『大栗先生の超弦理論入門』大栗博司、講談社ブルーバックス

参考図書

『素粒子論のランドスケープ』大栗博司、数学書房
『美の中の対称性』新井朝雄、日本評論社
『物理の中の対称性』新井朝雄、日本評論社
『スーパーシンメトリー』ゴードン・ケイン、藤井昭彦訳、紀伊國屋書店
臨時別冊・数理科学『量子力学から超対称性へ』坂本眞人、サイエンス社
数理科学2007年3月号『特集・現代物理における超対称性』、サイエンス社

のように表わすことができます。

さて、波動関数はその絶対値$|\psi(x)|$だけが物理的に観測可能な量となるのでした。$\psi(x)$の位相成分の絶対的な大きさは、観測にはかからないのです。これを言い換えれば、波動関数の位相（偏角）θを任意にとっても、観測される物理量は不変ということになります。この観測にかからない変換（この場合は複素平面上の回転）は、「ゲージ変換」と呼ばれます。複素平面上の回転は、数学の群論の言葉では、U(1)と呼ばれる群で表わされます。電子が従う運動方程式（ディラック方程式）は、$\psi(x)$の位相の回転に対して不変になっています。ディラック方程式はU(1)ゲージ対称性を持つ、ということになります。

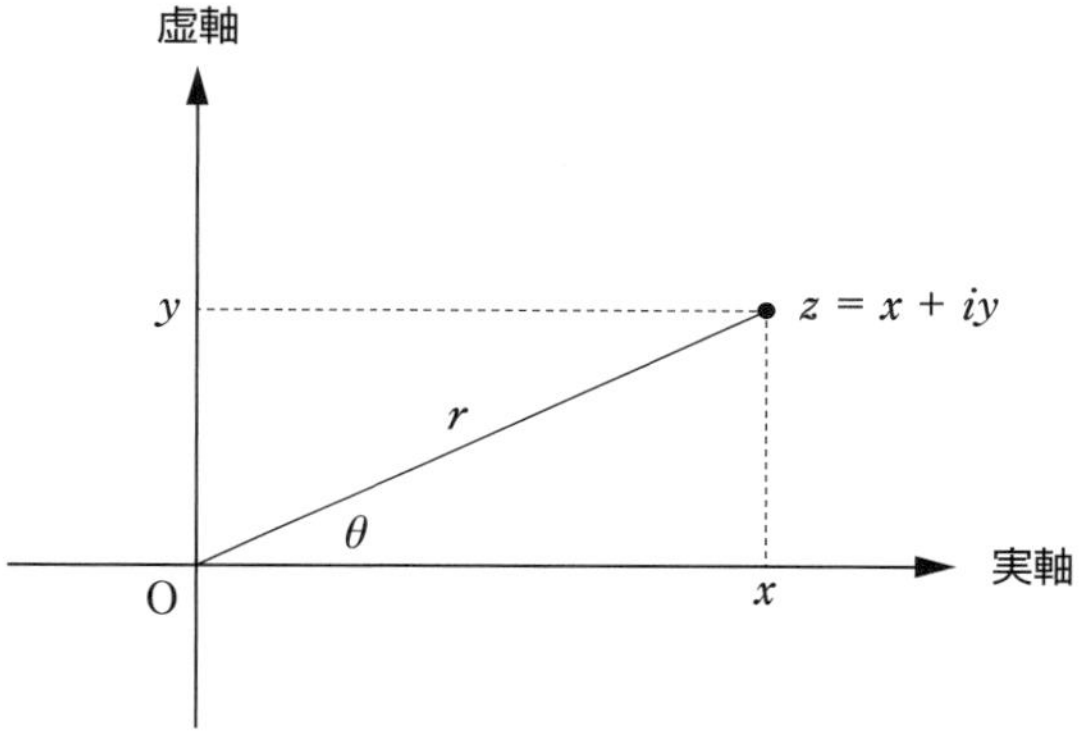

動径（絶対値）：$r = \sqrt{x^2 + y^2} = |z|$

偏角（位相）：θ

極形式表示：$z = r\,(\cos\theta + i\sin\theta) = re^{i\theta}$

オイラーの公式：$e^{i\theta} = \cos\theta + i\sin\theta$

図a.3　複素平面と複素数の極形式

ここで複素数について復習しておきましょう。複素数(z)とは、2つの実数（x, y）と虚数単位i（$=\sqrt{-1}$）で、$z = x + iy$と表わせる数のことです。複素数は、複素平面（ガウス平面とも呼ばれます）上のある点に対応します（図a.3)。複素数は、動径r（$=\sqrt{x^2+y^2}$）と偏角θを用いた極形式（極座標形式）でも表わせます。複素数の絶対値$|z|$とは、この動径のことです。さらにオイラーの公式（$e^{i\theta} = \cos\theta + i\sin\theta$）を用いると、複素数は

$$z = r\,e^{i\theta}$$

$$[s_x, s_y] = is_z \tag{11}$$

$$[s_y, s_z] = is_x \tag{12}$$

$$[s_z, s_x] = is_y \tag{13}$$

$$\sigma_x = \begin{pmatrix} 0 & 1 \\ 1 & 0 \end{pmatrix}, \ \sigma_y = \begin{pmatrix} 0 & -i \\ i & 0 \end{pmatrix}, \ \sigma_z = \begin{pmatrix} 1 & 0 \\ 0 & -1 \end{pmatrix} \tag{14}$$

$$s_x = \frac{1}{2}\sigma_x, \ s_y = \frac{1}{2}\sigma_y, \ s_z = \frac{1}{2}\sigma_z \tag{15}$$

図a.2　スピン演算子とパウリ行列

（図a.2の式⑾〜⒀）。パウリは、いわゆる「パウリ行列」（図a.2の式⒁）を導入して、スピン角運動量の演算子を⒂式のようにおきました。行列の数学を習った人なら、２行２列の簡単な計算ですので、スピン演算子（式⒂）が式⑾〜⒀を満たしていることを確認してみてください。

本文でも書きましたが、電子のスピン状態は、上向きスピンと下向きスピンの２つの成分を持つ２次元複素ベクトルで表わされます。つまり電子のスピンとは、複素２次元空間内の回転と考えられるのです。

解説付録３　複素関数の位相

電子の状態は波動関数 $\psi(x)$ で表わされます（xは４次元時空の座標です）。$\psi(x)$ は４成分スピノルですが、シュレディンガーの波動関数のように考えてもらっても差し支えありません。いずれにせよ $\psi(x)$ が複素数値をとる関数であることが重要です。

アの軌道番号に相当し、原子内の電子のエネルギー準位は、この主量子数で決まっています。$n=1$のエネルギー準位が、最も低いエネルギーの状態で、安定しています。nが大きくなるにしたがって、エネルギー準位が次第に高くなってゆくのです。そして、l_zの絶対値$|l_z|$の最大値であるlは、軌道角運動量の大きさに対応する量で、「方位量子数」と呼ばれます。さらに、lはnより小さくなければならないことも出てきます。

これらをまとめると、次のようになります。原子核のまわりを回る電子の軌道のエネルギー準位に対応する主量子数nが決まると、その電子に許されるlの許される値が、$l=0, 1, \cdots, n-1$のいずれかであると決まります。そして$|l_z|$の最大値であるlが決まれば、l_zの許される値が決まります。

原子にエネルギーが与えられ、電子が高いエネルギー準位に励起されると、いずれその電子はより低い準位に落ち込み、そのエネルギー準位の差が、電磁波として放出されます。これが原子スペクトルです。こうして量子力学で得られた水素原子のスペクトルは、まさにリュードベリの式とぴたりと一致するものでした。

また、原子の線スペクトルが、磁場の中ではさらに分裂して、異なるエネルギー準位に分かれることも、電子の持つ軌道角運動量の違いによるものであることが分かったのです。このため、$\hbar$を１にとったときのl_zは「磁気量子数」と呼ばれています。

解説付録２　スピンと複素２次元空間

電子のスピンを$\boldsymbol{s}=(s_x, s_y, s_z)$で表わすと、その各成分は、量子力学における一般の角運動量と同じ交換関係を持ちますで、各成分を表わしたのが図a.1の式(4)〜(6)です。これから、軌道角運動量がそれ自体で持つ交換関係(7)〜(9)が導けます。簡単な代入ですので、自分でもやってみてください。(1)〜(3)を使えばよいのです。これができた人は、さらに(10)にも挑戦してみてください。(10)は角運動量の2乗$l^2=l_x^2+l_y^2+l_z^2$と軌道角運動量の各成分との間の交換関係を表わす式です。

式(10)は、軌道角運動量の大きさ（l^2の平方根）はどの成分とも交換可能であること、すなわち同時に測定可能であることをいっています。しかし式(7)〜(9)から、各成分同士は交換可能でないので、同時に測定可能ではありません。これはつまり､軌道角運動量の大きさと1つの成分（l_zとします）だけが、同時に測定可能であるということなのです。

軌道角運動量の大きさとl_zが同時に測定可能であることから、磁場内での原子スペクトルの分裂も説明することができます。以下説明は少し難解ですが、軌道角運動量とl_z、エネルギー準位の関係がわかると、原子モデルの概念をより深く理解することができます。

ここからは、話を簡単にするため、$\hbar$を1にとりましょう（$\hbar$と光速度cを1にとった単位系を自然単位系といって、物理学者がよく使います）。

まず、シュレディンガー方程式に、原子核が作る電磁場のポテンシャルエネルギーを入れて、方程式の解である電子の波動関数を求めると､l_zの値が$\hbar$の整数倍でなければならないこと（つまり$l_z=0, \pm1, \pm2, \pm3, \cdots$）が出てきます。これは、ボーアの量子条件を説明した物質波の考えとまったく同じものです。

加えて、シュレディンガー方程式からは､「主量子数」と呼ばれる自然数n（$=1, 2, 3, \cdots$）が出てきます。これも、ボー

解説付録１　量子力学における交換関係

まず、式を見やすくするために、物理量の演算子AとBに対し、交換子というものを導入します。交換子は角括弧を用いて［A, B］と表わし、それは

$$[A, B] = AB - BA$$

と定義するのです。

交換子を用いると、位置$\boldsymbol{r}(x, y, z)$と運動量$\boldsymbol{p}(p_x, p_y, p_z)$の交換関係を、図a.1の式(1)〜(3)のように表わすことができます。どちらも３次元のベクトル量なので、x成分、y成分、z成分に分けて書いてあります。

軌道角運動量$\boldsymbol{l} = \boldsymbol{r} \times \boldsymbol{p}$も、$\boldsymbol{r}$や$\boldsymbol{p}$と同様、測定が可能（「観測可能」）な物理量です。これも３成分を持つベクトル量なの

$$[x, p_x] = i\hbar \quad (1)$$
$$[y, p_y] = i\hbar \quad (2)$$
$$[z, p_z] = i\hbar \quad (3)$$

$$l_x = yp_z - zp_y \quad (4)$$
$$l_y = zp_x - xp_z \quad (5)$$
$$l_z = xp_y - yp_x \quad (6)$$

$$[l_x, l_y] = i\hbar l_z \quad (7)$$
$$[l_y, l_z] = i\hbar l_x \quad (8)$$
$$[l_z, l_x] = i\hbar l_y \quad (9)$$

$$[l^2, l_x] = [l^2, l_y] = [l^2, l_z] = 0 \quad (10)$$

図a.1　物理量（位置、運動量、軌道角運動量）の交換関係

〈ま行〉

〈や行〉

〈ら・わ行〉

〈あ行〉

索引

〈数字・アルファベット〉

N.D.C.421　230p　18cm

ブルーバックス　B-1960

超対称性《ちょうたいしょうせい》理《り》論《ろん》とは何《なに》か
宇宙をつかさどる究極の対称性

2016年 3 月20日　第1刷発行
2016年 5 月10日　第2刷発行

著者　小《こ》林《ばやし》富《とみ》雄《お》
発行者　鈴木　哲
発行所　株式会社講談社
〒112-8001　東京都文京区音羽2-12-21
電話　出版　03-5395-3524
販売　03-5395-4415
業務　03-5395-3615
印刷所　（本文印刷）慶昌堂印刷株式会社
（カバー表紙印刷）信毎書籍印刷株式会社
製本所　株式会社国宝社

ISBN978－4－06－257960－5

発刊のことば

科学をあなたのポケットに

二十世紀最大の特色は、それが科学時代であるということです。科学は日に日に進歩を続け、止まるところを知りません。ひと昔前の夢物語もどんどん現実化しており、今やわれわれの生活のすべてが、科学によってゆり動かされているといっても過言ではないでしょう。

そのような背景を考えれば、学者や学生はもちろん、産業人も、セールスマンも、ジャーナリストも、家庭の主婦も、みんなが科学を知らなければ、時代の流れに逆らうことになるでしょう。

ブルーバックス発刊の意義と必然性はそこにあります。このシリーズは、読む人に科学的に物を考える習慣と、科学的に物を見る目を養っていただくことを最大の目標にしています。そのためには、単に原理や法則の解説に終始するのではなくて、政治や経済など、社会科学や人文科学にも関連させて、広い視野から問題を追究していきます。科学はむずかしいという先入観を改める表現と構成、それも類書にないブルーバックスの特色であると信じます。

一九六三年九月

野間省一